乡村建设木工

乡村建设工匠培训通用教材编委会　编写

中国建筑工业出版社

图书在版编目（CIP）数据

乡村建设木工 / 乡村建设工匠培训通用教材编委会
编写. -- 北京：中国建筑工业出版社，2024.7.
（乡村建设工匠培训通用教材）. -- ISBN 978-7-112
-30123-2

Ⅰ. TU759.1

中国国家版本馆 CIP 数据核字第 2024MF3797 号

　　本套教材是根据《乡村建设工匠国家职业标准（2024 年版）》、《乡村建设工匠培训大纲》编写的全国通用培训教材。包括《乡村建设工匠基础知识》《乡村建设泥瓦工》《乡村建设木工》《乡村建设钢筋工》《乡村建设水电安装工》5 册，内容涵盖初级、中级、高级。本套教材可作为乡村建设工匠培训用书。

　　为了更好地支持乡村建设工匠培训工作的开展，我们向采购本书作为教材的单位提供教学课件，有需要的可与出版社联系，邮箱：jckj@cabp.com.cn，电话：（010）58337285。

责任编辑：李　慧　李　杰
责任校对：赵　力

乡村建设工匠培训通用教材
乡村建设木工
乡村建设工匠培训通用教材编委会　编写

*

中国建筑工业出版社出版、发行（北京海淀三里河路 9 号）
各地新华书店、建筑书店经销
北京建筑工业印刷有限公司制版
北京同文印刷有限责任公司印刷

*

开本：787 毫米×1092 毫米　1/16　印张：17½　字数：359 千字
2024 年 8 月第一版　　2024 年 8 月第一次印刷
定价：**55.00** 元
ISBN 978-7-112-30123-2
（43106）

丛书编委会

编委会主任 刘李峰

编委会副主任 杨 飞 赵 昭

编委会成员

程红艳 苏 谦 万 健 王东升 黄爱清
厉 兴 孙 昕 揭付军 樊 兵 陈 颖
崔秀明 周铁钢 崔 征 王立韬

主 编 杨洪海

副主编 何青峰

主 审 周 明

组织编写单位

住房和城乡建设部人力资源开发中心

丛书前言

　　乡村建设工匠是乡村建设的主力军。2022 年新修订的《中华人民共和国职业分类大典》将乡村建设工匠作为新职业纳入国家职业分类目录。为落实全国住房城乡建设工作会议部署和《关于加强乡村建设工匠培训和管理的指导意见》（建村规〔2023〕5 号）的要求，进一步规范乡村建设工匠培训工作，大力培育乡村建设工匠队伍，提高乡村建设工匠技能水平，更好服务农房和村庄建设，在住房城乡建设部村镇建设司指导下，编写团队严格依据《乡村建设工匠国家职业标准（2024 年版）》《乡村建设工匠培训大纲》编写了本套通用培训教材。

　　本套教材包括《乡村建设工匠基础知识》《乡村建设泥瓦工》《乡村建设木工》《乡村建设钢筋工》《乡村建设水电安装工》5 册，内容涵盖初级、中级、高级，其中《乡村建设工匠基础知识》介绍了乡村建设工匠应掌握的工程设计、施工、管理、安全、法律法规等基础知识，其他分册介绍了乡村建设工匠 4 个职业方向的专业技能要求，在培训时要结合两本教材，根据培训对象的技能等级要求进行培训教学。各地可以在通用教材的基础上，根据地域特点和民族特色，从实际出发，灵活设计培训教学内容。后期，编写组还将根据培训实际，组织编写乡村建设带头工匠培训教材。

　　本套教材 4 个职业方向的基础部分由湖北城市建设职业技术学院程红艳副教授团队编写，保证了各职业方向基础知识内容的统一性和完整性；教材主编、副主编、主审组织专家团队对教材进行了多轮审核，保证了丛书的科学性和规范性。限于时间有限，本套教材还有不足之处，恳请读者在使用过程中提出宝贵意见。

前　言

　　根据党的二十大提出的全面推进乡村振兴，加快人才振兴的要求，2023年12月住房和城乡建设部会同人力资源和社会保障部，印发《关于加强乡村建设工匠培训和管理的指导意见》提出：乡村建设工匠是农村建房的主力军，提高乡村建设工匠技能水平，规范其建造行为，对保障农房质量安全，提升农房居住品质具有重要意义。

　　《乡村建设木工》是提升乡村建设工匠专业技能和综合素质的培训教材。本书紧跟乡村建设转型升级的需要，贴合《乡村建设工匠国家职业标准（2024年版）》，结合新规范、新标准，通过理论与实践、解说与图例相结合的方式，深入浅出地对乡村建设木工应掌握的工具、材料、技能、操作规程和安全规定，以及木工实际操作过程中遇到的问题和整改方法进行了详尽的介绍。

　　本书由程红艳主编，董文斌主审。参加编写及资源收集整理工作的还有李红、方锐、刘亚东、周琪、王建军。本书在编写过程中得到了人力资源和社会保障部，住房和城乡建设部人事司、村镇建设司，住房和城乡建设部人力资源开发中心，湖北省住房和城乡建设厅，湖北城市职业技术学院，湖北省宜昌市远安县住房和城乡建设局，湖北广盛建设集团有限责任公司等单位的大力支持，在此表示衷心的感谢！

　　由于编者水平有限，修订时间仓促，书中难免有不足之处，敬请广大读者批评指正。

目　录

木工（初级）

第一章　施工准备 ·· 002

第一节　作业条件准备 ·· 002
第二节　材料准备 ·· 012
第三节　施工机具准备 ·· 024

第二章　测量放线 ·· 045

第一节　测量 ··· 045
第二节　放线 ··· 049

第三章　工程施工 ·· 060

第一节　加工制作 ··· 060
第二节　现场施工 ··· 063

第四章　质量检查 ·· 088

第一节　质量检查 ··· 088
第二节　质量问题处理 ··· 092

木工（中级）

第五章　施工准备 ·· 098

第一节　作业条件准备 ·· 098
第二节　材料准备 ·· 108
第三节　施工机具准备 ·· 111

第六章　测量放线 ·· 121

第一节　测量 ·· 121

第二节　放线 ·· 125

第七章　工程施工 ·· 138

第一节　加工制作 ·· 138

第二节　现场施工 ·· 143

第八章　质量检查 ·· 158

第一节　质量检查 ·· 158

第二节　质量问题处理 ·· 167

木工（高级）

第九章　施工准备 ·· 174

第一节　作业条件准备 ·· 174

第二节　材料准备 ·· 186

第三节　施工机具准备 ·· 202

第十章　测量放线 ·· 210

第一节　测量 ·· 210

第二节　放线 ·· 212

第十一章　工程施工 ·· 219

第一节　加工制作 ·· 219

第二节　现场施工 ·· 223

第十二章　质量验收 ·· 253

第一节　质量检查 ·· 253

第二节　质量问题处理 ·· 261

参考文献 ·· 269

木工（初级）

第一章　施工准备
第二章　测量放线
第三章　工程施工
第四章　质量检查

木工（中级）

木工（高级）

第一章　施工准备

第一节　作业条件准备

（一）防护装备的穿戴

常用的防护装备主要有安全帽、绝缘鞋、防护手套、安全带、护听器等。

1. 安全帽的佩戴

安全帽主要由帽壳、帽衬及配件等组成，如图 1-1 所示。

1）安全帽的佩戴

（1）选择合适大小的安全帽。

过大或过小的安全帽都起不到保护作用。佩戴时应将安全帽放在头上，调整好位置，确保其不会掉落。

（2）拉紧下颏带。

下颏带可以有效地固定安全帽，在佩戴安全帽时，应拉紧下颏带，使其不松动。

（3）检查安全帽是否戴正。

安全帽应戴正，使帽檐位于眉毛上方，并与头部垂直，如图 1-2 所示。如果安全帽没有戴正，可能会影响头部受到冲击时的缓冲效果。

2）安全帽的使用要求

（1）不能私自在安全帽上打孔，不要随意碰撞安全帽，不要将安全帽当板凳坐，以免影响其强度。

（2）安全帽不能在有酸、碱或化学试剂污染的环境中存放，不能放置在高温、日晒或潮湿的场所中，以免老化变质。

（3）使用之前应检查安全帽的外观是否有裂纹、碰伤痕迹、凸凹不平、磨损，帽衬是否完整，帽衬的结构是否处于正常状态。

安全帽的正确佩戴可扫描二维码观看视频 1-1。

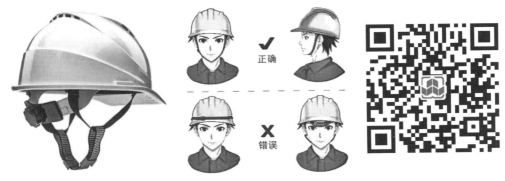

图 1-1　安全帽　　　　图 1-2　安全帽佩戴　　　　视频 1-1　安全帽的
　　　　　　　　　　　　　　　　　　　　　　　　　　　　　　正确佩戴

2. 绝缘鞋的穿戴

工作过程中需要用到很多电动工具，绝缘鞋全鞋无金属，可以有效避免用电损伤。如图 1-3 所示。

图 1-3　绝缘鞋

（1）在选择绝缘鞋时，需要根据工作环境和工作需求来选择合适的绝缘等级。

（2）穿戴绝缘鞋时，应确保鞋内没有异物，同时要注意将鞋带系紧，以免发生意外。脚部应完全覆盖在绝缘鞋内，确保绝缘鞋与脚部紧密贴合。

（3）如果发现绝缘鞋表面有破损、裂纹或老化现象，应及时更换绝缘鞋，以确保其正常使用。

（4）绝缘鞋在使用过程中，应注意保持其清洁干燥。不要与酸碱等化学物质接触，以免损坏绝缘鞋的绝缘性能。使用完毕后，应将绝缘鞋放置在通风干燥的地方，避免阳光直射。

（5）绝缘鞋在使用时，要防止其受到尖锐物体的刺穿或磨损，以免降低其绝缘性能。

（6）使用安全鞋时，应避免与水长时间接触，不可浸泡水洗，否则影响其使用寿命，引起脱胶等问题。

（7）绝缘鞋的使用寿命一般为 2～3 年，要注意及时更换新的绝缘鞋，以确保其绝缘性能可靠。

3. 防护手套的佩戴

施工操作过程中应对手部进行防护，可用机械防护手套和普通劳保手套，如图 1-4、图 1-5 所示。

图 1-4　机械防护手套　　　　图 1-5　普通劳保手套

（1）在佩戴防护手套之前，必须注意手部的清洁和干燥。
（2）佩戴手套时，应确保手套完全覆盖手部，特别是手腕部分。
（3）在工作过程中，避免使用破损、老化或卷边的手套。
（4）使用电动工具切割过程中严禁戴手套。

4. 安全带和安全绳的佩戴

在 2m 及以上无可靠安全防护设施的高处作业时，必须系挂安全带和安全绳。安全带和安全绳如图 1-6 所示。安全带及安全绳的使用方法可扫描二维码观看视频 1-2。

（a）安全带　　　　　　（b）安全绳

图 1-6　安全带和安全绳

视频 1-2　安全带及安全绳的
使用方法

1）安全带的佩戴

（1）首先抓住安全带的背部D形环，摇动安全带，让所有的带子都复位。然后解开胸带、腿带和腰带上的带扣，松开所有的带子。

（2）从肩带处提起安全带，将安全带穿在肩部，系好左腿带或扣索，系好右腿带或扣索，系胸前扣带，如图1-7所示，然后系腰部扣带，如图1-8所示。

（3）调节胸部扣带、腿带、肩带，直到合适，如图1-9所示。

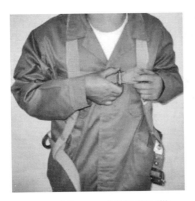 

图1-7　系胸前扣带　　　　　　图1-8　系腰部扣带

图1-9　系好的安全带

2）安全带和安全绳的使用要求

（1）在使用安全带时，应检查安全带的部件是否完整，扣环有没有弯曲、裂痕或刻痕，带子有没有磨损的边缘、破裂、切口或其他损坏的地方，并留意松脱或折断的针线等。

（2）安全带使用时应高挂低用。安全绳的长度不能太长，在保证操作活动的前提下，要限制在最短的范围内。

（3）不准将绳打结使用，不准将钩直接挂在不牢固物体上。

（4）使用围杆作业安全带时，不允许在地面上随意拖着绳走，以免损伤绳套，影响主绳。

（5）安全带上的各种部件不得任意拆掉。更换新绳时要注意加绳套。

（6）安全带应储藏在干燥、通风的仓库内，不准接触高温、明火、强酸和尖锐的坚硬物体，也不准长期暴晒、雨淋。

5. 护听器的佩戴

现场切割时噪声很大，需佩戴护听器。护听器主要有耳罩式和耳塞式两大类。

耳罩式护听器按佩戴方式分为环箍式耳罩，如图1-10（a）所示；挂安全帽式耳罩，如图1-10（b）所示。耳塞式护听器按佩戴方式分为环箍式耳塞，如图1-10（c）所示；不带环箍耳塞，如图1-10（d）所示。

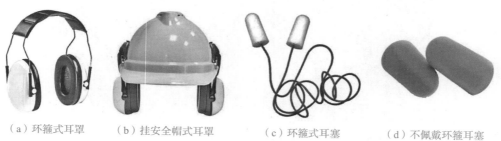

（a）环箍式耳罩　　　（b）挂安全帽式耳罩　　　（c）环箍式耳塞　　　（d）不佩戴环箍耳塞

图1-10　护听器

常用耳塞式护听器的材质比较柔软舒适，适合长时间佩戴，但佩戴时需要一定的技巧。一般在佩戴前先将耳塞尽可能揉搓成无折缝、细长的圆柱体；然后手绕过脑后，将耳廓尽量向上向外拉；最后把耳塞插入耳道，材料膨胀后堵住耳道，如图1-11所示。

图1-11　耳塞式护听器使用示意图

（二）手持电钻的使用

手持电钻广泛应用于建筑、装修、家具等行业，多数电钻能实现一机三用：起拧螺栓、平钻钻孔及冲击钻孔。手持电钻按供电方式的不同可分为直流电池型，如图1-12（a）所示；交流电源型，如图1-12（b）所示。直流电池型机动性更好，但动力稍逊；交流电源型动力强劲，但受连接线长度限制，机动性相对较差。

T

手持电钻的使用方法可扫描二维码观看视频1-3。

（a）直流电池型　　　　　（b）交流电源型

图1-12　手持电钻　　　　　　　视频1-3　手持电钻的使用方法

1. 手持电钻的检查

（1）使用前应检查钻头是否有裂纹或损伤，如果有损伤，需要更换新的钻头。

（2）检查电源线是否破损，如果发现破损，需要用绝缘胶带缠绕好以防触电，条件允许最好更换新的电源线。

（3）检查手持电钻开关是否处于关闭状态，防止接入电源时手持电钻突然转动导致意外伤害。

（4）电钻开启后可以先空转一分钟，观察钻头的旋转方向和进给方向是否一致，检查传动部分是否灵活，有无杂声，钻头、螺钉有无松动，换向器火花是否正常等。

2. 手持电钻的操作

（1）打孔时双手应紧握电钻，尽量不要单手操作，以免因为后坐力或者旋转力导致意外伤害。

（2）打孔时下压的力度不要过大，防止钻头被打断或飞出导致意外伤人。

（3）确保所有手指离开钻头附近再开启电钻工作，以防误伤手指。

（4）清理钻头废屑以及换钻头等操作必须在断开电源的情况下进行。

（5）使用过程中，如果发现电钻过热，应立刻停止使用，进行清除污垢、更换磨损的电刷、调整电刷架弹簧压力等操作。

（6）完成打孔工作后，应先断开电源，等钻头完全停止转动，再将电钻放好；刚使用的钻头可能过热，会烧伤皮肤，不要立马接触。

（7）不使用时要及时拔掉电源插头、拔下钻头以防无意碰断，并将电钻等部件放回设备箱，存放在干燥、清洁的环境中。

3. 手持电钻电池更换

直流电池型手持电钻电池更换很方便，在机身上有电池仓，只要轻抠电池侧面的按钮就可卸下已耗完电的电池，再将已充满电的电池置入电池仓即可，如图1-13所示。

4. 手持电钻钻头更换

手持电钻的钻头有手动夹头和自锁夹头两种，如图1-14左侧所示。手动夹头型电钻钻头夹持牢固，不易掉落，钻孔精度高。自锁夹头型电钻在更换钻头、螺丝刀头时更加简单快捷。手动夹头型电钻需要用配套的夹头钥匙，如图1-14右侧所示。

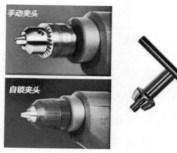

图1-13　直流电池型手持电钻电池更换　　　　图1-14　手动夹头和自锁夹头

（1）自锁夹头型钻头更换可分为不带电和带电两种情况。

① 不带电操作时，先按紧夹头下面部分，左右拧动上半部分，将爪夹调至合适的位置；然后将适配的钻头置入爪夹头内，放入合适的长度；最后按紧夹头下面部分，顺时针旋转夹头上半部分，用力拧紧即可，如图1-15所示。

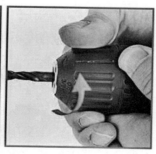

图1-15　自锁夹头型手持电钻更换钻头（不带电）

② 带电操作时，先攥紧夹头上半部分，按下正/反转开关，启动电钻，将爪夹头调至合适位置；然后将适配的钻头置入爪夹头内，放入合适的长度；最后将电钻调成正转，攥紧夹头上半部分，轻按启动开关拧紧即可，如图1-16所示。

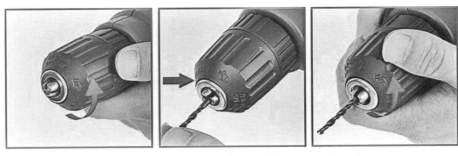

图 1-16 自锁夹头型手持电钻更换钻头（带电）

（2）手动夹头型钻头更换时，先插入夹头钥匙，顺时针旋转松开夹头，然后放入适配的钻头，用夹头钥匙逆时针旋紧即可，如图 1-17 所示。

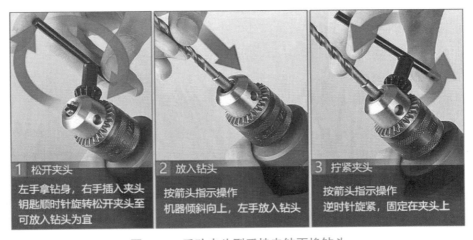

1 松开夹头	2 放入钻头	3 拧紧夹头
左手拿钻身，右手插入夹头钥匙顺时针旋转松开夹头至可放入钻头为宜	按箭头指示操作机器倾斜向上，左手放入钻头	按箭头指示操作逆时针旋紧，固定在夹头上

图 1-17 手动夹头型手持电钻更换钻头

（三）无齿锯的使用

无齿锯可轻松切割各种材料，包括钢材、铜材、铝型材、木材等，如图 1-18 所示。

图 1-18 无齿锯

1. 无齿锯的检查

（1）使用前必须认真检查设备的性能，确保设备完好。

（2）电源开关、锯片松紧度、锯片的护罩或安全挡板应进行详细检查，操作台必须稳固，夜间作业必须有足够的照明；检查三角带的磨损情况。

（3）使用前先打开总开关，空载试转几圈，待确认无误后才允许启动。

2. 无齿锯锯片更换

无齿锯锯片使用一段时间后，如果锯片磨损严重，需要更换新的锯片，以满足工程需要。更换锯片的操作方法如下：

（1）切断电源，把锯片用扳手固定，顺着锯片工作方向转动固定锯片的螺栓，拆下锯片。拆下零件时，要按拆下的顺序给零件做好标记和记录。

（2）换上新的锯片，按拆下零件的逆顺序和标记将各零件复位。

（3）拧紧固定螺栓。

（4）试运转，检查锯片转动是否平稳，若平稳则完成换装锯片工作。

【小贴士】无齿锯操作使用过程中需要切割的工件必须夹持牢固，严禁工件未夹紧就开始进行切割工作；严禁在砂轮平面上修磨工件的毛刺，防止砂轮片碎裂伤人；加工完毕应关闭电源；无齿锯应经常检查、清理、保养，旋转和活动部件应进行适当的维护和润滑。

（四）手持灭火器的使用

工程中常用的手持灭火器为干粉灭火器，部分场所会用到二氧化碳灭火器。

1. 手提式干粉灭火器的使用

（1）灭火器使用前，应检查压力是否有效，将灭火器上下用力摆动数次。

（2）拉开安全插销，一只手握住手柄，另一只手握住管子，对准火焰根部，用力按压开关，直至喷射灭火剂，并远近扫射前进灭火。

（3）灭火后，立即放松压力，停止喷射灭火剂。

手提式干粉灭火器使用方法如图 1-19 所示。

图 1-19　手提式干粉灭火器使用方法

【小贴士】手提式干粉灭火器在使用时需要注意：保险销拔出后禁止喷嘴对人造成伤害；灭火时，操作人员应在上风方向操作；注意控制灭火点的有效距离和使用时间。

2. 手提式二氧化碳灭火器的使用

手提式二氧化碳灭火器主要用于拯救贵重设备、600V 以下的电器和油类首次起火。灭火时，在距燃烧物 2m 左右拔出灭火器保险销，一手握住喇叭筒根部的手柄，另一只手紧握启闭阀的压把。当可燃液体呈流淌状燃烧时，将二氧化碳灭火剂的喷流由近而远向火焰喷射。

二氧化碳灭火器在室外使用时，应选择在上风方向喷射，并且手要放在钢瓶的木柄上，不能直接用手抓住喇叭筒外壁或金属连线管，防止冻伤。在室内窄小空间使用时，灭火后操作者应迅速离开，以防窒息。

手提式干粉灭火器及手提式二氧化碳灭火器的使用方法可扫描二维码观看视频 1-4、视频 1-5。

视频 1-4　手提式干粉灭火器的使用方法　　视频 1-5　手提式二氧化碳灭火器的使用方法

【小贴士】木工操作区易燃物多，应做好防火工作。应在明显并便于取用处放置灭火器等防火器材。操作区严禁吸烟和采用明火作业。当操作区内必须进行焊接作业时，应采取相应的防范措施。木工应做到工完场清，刨花、锯末每天都打扫干净，倒在指定地点。工作完毕应拉闸断电，并经检查确无火险后方可离开。抛光、电锯等部位的电气设备应采用密封式或防爆式。刨花、锯末较多部位的电动机，应安装防尘罩。配电盘、刀闸下方不能堆放成品、半成品及废料。

第二节　材料准备

（一）钢筋型号区分

1. 钢筋型号区分

钢筋根据表面形状分为光圆钢筋和带肋钢筋。光圆钢筋如图 1-20 所示，带肋钢筋如图 1-21 所示。

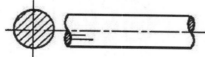
图 1-20　光圆钢筋

图 1-21　带肋钢筋

【小贴士】HPB300 钢筋用符号"φ"表示，HRB400 钢筋用符号"ψ"表示。热轧光圆钢筋一般作非受力筋用，例如板的分布筋、负筋、梁柱的箍筋等。推荐的钢筋公称直径为 6mm、8mm、10mm、12mm、16mm、20mm。热轧带肋钢筋在钢筋混凝土里被大规模用于各个构件的受力钢筋。推荐的钢筋公称直径为 6mm、8mm、10mm、12mm、14mm、16mm、18mm、20mm、22mm、25mm、28mm、32mm、36mm、40mm、50mm。

2. 钢筋型号现场识别

热轧钢筋出厂时，在每捆上挂不少于 2 个标牌，印有厂标、钢号、炉号、直径等标号，并附质量证明书，如图 1-22 所示。

带肋钢筋表面轧上牌号标志、生产企业序号（生产许可证后 3 位数字）和公称直径毫米数字，还可轧上经注册的厂名或商标。如图 1-23 所示，其中 4E 表示钢筋牌号为 HRB400E，X 即某厂名拼音首字母，25 表示钢筋公称直径为 25mm，062 为生产企业许可证后 3 位数字。

图 1-22 钢筋标牌

图 1-23 带肋钢筋表面标志

（二）木方型号区分

木方一般用于装修、门窗材料或木制家具、结构施工中的模板支撑及屋架用材。乡村建设工程中用到的木方主要有装修用木方、模板支架用木方。

1. 装修用木方型号区分

装修用木方主要用作木龙骨，如图 1-24 所示。常用龙骨有吊顶龙骨、隔墙龙骨、地板龙骨。一般装修用的木方都是用于撑起外面的装饰板或地板。

装修用木方以松木材质居多，长度一般是 4m 长，宽度和厚度常用 20mm×30mm、30mm×30mm、30mm×40mm、40mm×40mm、40mm×60mm 等。

2. 模板支架用木方型号区分

模板支架用木方主要用作模板的背楞、夹木、托木等，如图 1-25 所示。

模板支架用木方规格尺寸较多，常见的有 3cm×6cm、3cm×7cm、3cm×8cm、3cm×9cm、3.5cm×7cm、3.5cm×8cm、3.5cm×8.5cm、3.8cm×8.8cm、4cm×7cm、4cm×8cm、4cm×9cm、4.5cm×9cm、5cm×10cm、5.5cm×7cm、6cm×7cm、8cm×8cm、9cm×9cm、10cm×10cm、12cm×12cm、15cm×15cm、20cm×20cm 等。

模板支架用木方的长度一般有 7 种：2m、2.5m、2.7m、3m、3.5m、4m、6m。

图 1-24　装修用木方

图 1-25　模板支架用木方

（三）模板型号区分

1. 模板的选用

模板通常按制作材料不同进行分类，主要有木模板、钢模板、木胶合板模板、竹胶合板模板、铝合金模板等。

1）木模板

传统的木模板如图 1-26（a）所示。板间拼缝大，混凝土施工过程中胀模现象较多，模板损耗大，混凝土结构面观感差，周转次数少，易变形，现已几乎被木胶合板模板取代。

2）钢模板

钢模板一般做成定型模板，适用于多种结构形式，在工程施工中广泛应用，如图 1-26（b）所示。钢模板周转次数多，但一次投资量大，乡村建设中应用较少。

3）木胶合板模板

木胶合板模板如图 1-26（c）所示。木胶合板模板具有强度高、板幅大、自重轻、锯截方便、不翘曲、接缝少、不开裂等优点，提高了工程质量和工程进度，在乡村建设施工中用量最大。

4）竹胶合板模板

竹胶合板模板简称竹胶板，比木胶合板模板强度更高，表层经树脂涂层处理后可作为清水混凝土模板。

5）铝合金模板

铝合金模板具有质量轻、刚度大，拼装方便、周转率高的特点，但首次资金投入较高，目前在大型施工项目中应用较为广泛，乡村建设中基本不用。

（a）木模板

（b）钢模板

（c）木胶合板模板

图 1-26 模板

2. 模板型号的区分

木胶合板模板的幅面尺寸有模数制与非模数制之分，其中 1830mm×915mm 和 2440mm×1220mm 两种幅面尺寸较为常用，木胶合板模板的厚度以 15mm、18mm 居多。木胶合板模板规格应符合表 1-1 的规定。

模数制混凝土模板用胶合板的长度和宽度允许偏差为 0、−3mm，非模数制混凝土模板用胶合板的长度和宽度允许偏差为 ±2mm，厚度允许偏差一般为 ±0.7mm，垂直度允许偏差不大于 0.8mm/m，边缘直度允许偏差不大于 1mm/m。

木胶合板模板规格（单位：mm）　　　　　　　　　　表 1-1

幅面尺寸				厚度
模数制		非模数制		
宽度	长度	宽度	长度	
		915	1830	
900	1800	1220	1880	
1000	2000	915	2135	12、15、18、21
1200	2400	1220	2440	
		1250	2500	

注：其他规格尺寸由供需双方协议。

【小贴士】建筑模板的尺寸看起来奇怪，是因为用了公制单位毫米（mm），换成英制单位英寸（inch）就很明显了，1830mm×915mm＝72inch×36inch（俗称6×3尺），另外的常见尺寸还有2440mm×1220mm（即96inch×48inch，俗称8×4尺）。

竹胶合板模板规格应符合表 1-2 的规定。

竹胶合板模板规格（单位：mm）　　　　　　　　　　表 1-2

长度	宽度	厚度
1830	915	
1830	1220	
2000	1000	
2135	915	9、12、15、18
2440	1220	
3000	1500	

注：其他规格尺寸由供需双方协议。

（四）脚手架材料区分

脚手架按材料的不同分为木脚手架、竹脚手架、钢管脚手架或金属脚手架；按搭设位置划分为外脚手架和里脚手架。乡村建设中常用木竹脚手架和扣件式钢管脚手架。

1. 木脚手架材料区分

木脚手架所用材料一般为剥皮杉杆、落叶松或其他坚韧顺直硬木，不得使用杨木、柳木、桦木、椴木、油松和腐朽枯节等质地欠坚韧的易弯、易折的木材。木脚手架中以杉篙脚手架为典型代表，如图1-27所示。现在木脚手架已很少使用。

图 1-27　杉篙脚手架

2. 竹脚手架材料区分

竹脚手架一般选用生长期3年以上的毛竹或楠竹为材料，如图1-28所示。青嫩、枯黄、黑斑、虫蛀、裂纹连通两节以上的竹竿均不能使用。

图 1-28　竹脚手架

竹脚手架同木脚手架一样，各种杆件也使用绑扎材料加以连接，竹脚手架的绑扎材料主要有竹篾、镀锌钢丝、塑料篾等。竹脚手架中所有的绑扎材料也不得重复使用。

3. 扣件式钢管脚手架材料区分

扣件式钢管脚手架的构造示意如图1-29所示。搭设扣件式钢管脚手架的材料（简称架料）有钢管、扣件、底座、垫板及脚手板。

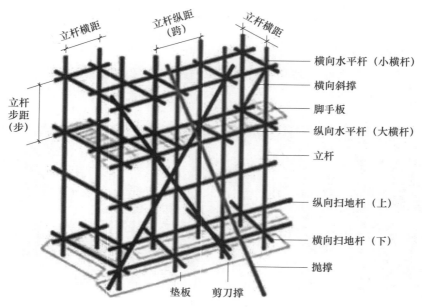

图 1-29　扣件式钢管脚手架构造示意图

1）钢管

用于立杆、大横杆和各支撑杆（斜撑、剪刀撑、抛撑等）的钢管最大长度不得超过 6.5m，一般为 4～6.5m；小横杆所用钢管的最大长度不得超过 2.2m，一般为 1.8～2.2m。如图 1-30 所示。

图 1-30　钢管

2）扣件

扣件主要有直角扣件、旋转扣件、对接扣件三种形式。直角扣件又称十字扣件，用于连接两根垂直相交的杆件，如立杆与大横杆、大横杆与小横杆的连接，如图 1-31（a）所示。旋转扣件又称回转扣件，用于连接两根平行或任意角度相交的钢管的扣件，如斜撑和剪刀撑与立柱、大横杆和小横杆之间的连接，如图 1-31（b）所示。对接扣件又称一字扣件，是钢管对接接长用的扣件，如立杆、大横杆的接长，如图1-31（c）所示。

扣件在使用前应进行质量检查，并进行防锈处理。有裂缝、变形的严禁使用，出现滑丝的螺栓必须更换。

（a）直角扣件　　　　　（b）旋转扣件　　　　　（c）对接扣件

图 1-31　扣件

3）底座

扣件式钢管脚手架的底座为套管、钢板焊接底座，如图1-32所示。

4）垫板

脚手架底部即底座下方应设垫板，如图1-33所示。

5）脚手板

乡村建设中常用的脚手板有木脚手板、竹串片脚手板、竹笆脚手板等，施工时可根据各地区的材源就地取材选用。

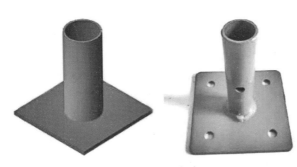

图 1-32　底座

图 1-33　垫板

（1）木脚手板

木脚手板一般采用杉木或落叶松制作，如图1-34所示。

（2）竹串片脚手板

竹串片脚手板采用螺栓穿过并列的竹片，将其串连拧紧而成，如图1-35所示。

（3）竹笆脚手板

竹笆脚手板采用平放的竹片纵横编织而成，如图1-36所示。

图 1-34　木脚手板

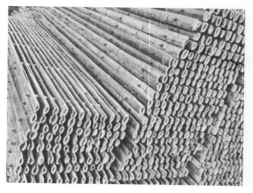

图 1-35　竹串片脚手板

图 1-36　竹笆脚手板

（五）材料的分类码放

1. 钢筋的分类码放

当钢筋运进施工现场后，必须严格按批分等级、牌号、直径、长度挂牌存放，并注明数量，不得混淆。

1）码放场地要求

钢筋应尽量堆入仓库或料棚内，以防止雨雪浸湿钢筋导致生锈。堆放钢筋的场地要坚实平整，在场地基层上用混凝土硬化或用碎石硬化。

条件不具备时，应选择地势较高、土质坚实、较为平坦的露天场地存放。在存放场地周围挖排水沟，以利于泄水。堆放时钢筋下面要加垫木，离地不宜少于 20cm，以防钢筋锈蚀和污染。

2）钢筋分类码放

钢筋原材进入现场后，应分规格、分型号进行堆放，不能为了卸料方便而随意乱放。

钢筋原材及成品钢筋堆放场地必须设有明显的标识牌。钢筋原材标识牌上应注明钢筋进场时间、受检状态、钢筋规格、长度、产地等；成品钢筋标识牌上应注明构件名称、部位、钢筋类型、尺寸、牌号、直径、根数，不能将不同构件的钢筋混放在一起，如图 1-37 所示。

（a）正确 （b）错误

图 1-37 钢筋分类码放

2. 水泥的分类码放

施工现场水泥堆放应按施工现场平面图指定的地方堆放，不得随意堆放。水泥应按品种、标号分类堆放。库内存放的水泥，其堆放距墙、地不少于 200mm。散装水泥要认真打包，包装袋及时回收，散落灰及时清运。袋装水泥堆放高度不能超过 10袋，如图 1-38 所示。堆放水泥的场地要硬化，地势较高，排水畅通，露天堆放水泥要加盖苫布。

3. 砌筑材料的码放

砌筑材料的堆放位置应在起吊机械附近，要尽量减少二次搬运，使场内运输路线最短，以便砌筑时起吊。堆放场地应平整夯实、最好硬化，砌筑材料堆放平稳，并做好排水工作。砌筑材料规格、数量必须配套，按不同类型分别堆放，如图 1-39 所示。

图 1-38 水泥码放 图 1-39 砌筑材料码放

4. 木方的分类码放

木方应按尺寸不同分类码放，码放要求上盖下垫，硬化地面，场地不能积水。

（1）不能直接堆放在地面上，下面要垫起 20～30cm 的高度，如图 1-40 所示。

图 1-40　木方码放

（2）木方堆场如无雨棚，要进行覆盖，避免雨淋和太阳照射。

（3）木方码放整齐有序，高度一般不超过 1.5m，方便取用并保证安全。

（4）木材是易燃物，码放区要注意防火。

（5）木方应分别横竖交错层层堆放，须同方向堆放时应考虑通风，堆放应结实整齐，不下陷不歪斜。垛间距离不得小于 1m。

（6）操作区宜设有贯穿的纵横通道。主通道的宽度应根据运行车辆的种类而定，最窄处不得小于 2m。单独用作安全疏散用的通道，其最小宽度不得小于 1.4m。

5. 模板的分类码放

模板码放前应做好外表的处理工作，一般均匀涂一层隔离剂，以便脱模和外表清洗。模板要进行编号，以便再次使用时快速查找。地面上模板的码放高度不超过 1.5m，架子上模板的码放高度不超过 3 层。不得随意靠墙堆放模板。应注意板面与地面不可直接接触，用木方将模板层层隔开，保持模板通风，同时更要注意遮挡，防止日晒雨淋。木工厂和木质材料堆放的场地严禁烟火，并按要求配备消防器材。其他码放要求同木方。

6. 脚手架的分类码放

（1）脚手架按构件分类码放，杆件、脚手板、辅助材料分类分堆，如图 1-41 所示。

（2）钢管分尺寸分类堆放，搭设堆放架，扣件、零配件集中分类堆放扣件池内，不散不乱，并挂材料标示牌。

图 1-41　脚手架材料分类码放

（3）钢管周转材料堆放要求场地地面硬化及不积水，堆放限高≤ 1.2m，采用搭钢管架子堆放限高≤ 2m。

（六）钉的区分

木工常用的钉有直钉、钢钉、气钉及螺钉等。

1. 直钉区分

直钉是工作表面没有任何螺纹的直型钉类。它包括圆钉、椭圆钉和其他直钉。直钉有些可用手工锤子直接操作，有些必须用钉枪工具，如气钉等。常用直钉如图 1-42 所示。

2. 钢钉区分

钢钉又称水泥钉，是采用优质钢材制造的，该钉坚硬、抗弯，可直接钉入低标号的混凝土和砖墙。拼合用圆钢钉适用于门扇等需要拼合木板时作销钉使用，如图 1-43 所示。

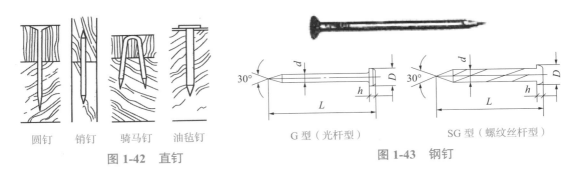

<table>
<tr><td>圆钉　销钉　骑马钉　油毡钉</td><td>G 型（光杆型）　　　SG 型（螺纹丝杆型）</td></tr>
<tr><td>图 1-42　直钉</td><td>图 1-43　钢钉</td></tr>
</table>

3. 气钉区分

气钉又称排钉，一端有扁平的头，另一端尖锐，钉杆由胶水粘连在一起。气钉施工时的气钉枪一般需要与空气压缩机连接，在现今装饰工程中被广泛采用。如图1-44所示。

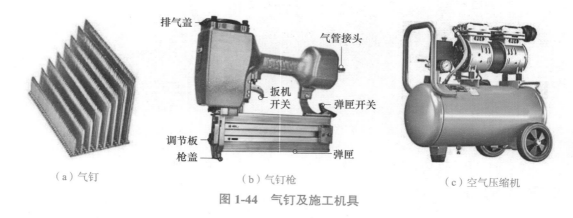

（a）气钉　　　　　　　　（b）气钉枪　　　　　　　　（c）空气压缩机

图1-44　气钉及施工机具

4. 螺钉区分

螺钉主要用来将木料接合在一起，同时也容易拆卸。木工用螺钉通常有全螺纹和半螺纹两种式样。全螺纹螺钉适用于木结构受力节点的安装，使上下层板材中均有螺纹受力，接合更牢固，如图1-45所示。半螺纹螺钉旋入省力，安装速度快，上下层板材无需预夹紧，依靠螺钉头部的下压力完成两块板材间的密合，如图1-46所示。

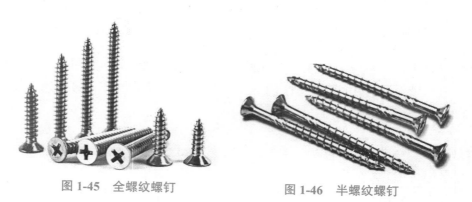

图1-45　全螺纹螺钉　　　　　　　　图1-46　半螺纹螺钉

第三节　施工机具准备

目前，木制品加工制作的机械化程度虽然在不断提高，但在施工现场或小规模生产时仍较多采用手工工具。因此熟悉常用手工工具的性能和操作技术非常必要。

（一）木工画线工具的使用

木工在进行锯、砍、凿、刨等加工操作前都需要画线，然后才能依线裁正木料，按线加工。

1. 量具的使用

木工常用的量具有卷尺、直角尺、直尺、折尺等。

1）卷尺

木工用的卷尺主要有钢卷尺、皮卷尺、鲁班尺等，如图 1-47 所示。

（a）钢卷尺 　　　　　　　（b）皮卷尺 　　　　　　（c）鲁班尺

图 1-47　卷尺

钢卷尺使用前，应检查尺头是否有损坏及其对零情况；尺面刻度是否清晰、有无划痕；尺面是否弯折、破损。使用时，一手握尺盒，一手将尺胎拉出，并将尺钩钩住木材的一端，作为起量点，然后将尺盒往另一端拉至需要的长度。钢卷尺用完后，应将尺胎全部送回盒内，往回推送或向外拉出尺胎时，都不能用力过猛，以免尺胎或弹簧折断受损。使用后，要及时把尺身上的灰尘用布擦拭干净，用机油润湿，存放备用。

皮卷尺使用时，应先检查尺头是否有损坏及其对零情况。尺面刻度是否清晰，尺面是否破损。皮卷尺由于规格长，尺带材质软，双面刻度，一般需要两个人同时使用，一人拉住尺头，一人拿着尺身放样，由拿着尺身的人读出尺寸。

鲁班尺使用方法和注意事项基本与钢卷尺相同，需注意的是尺面的尺寸标注，现在使用的鲁班尺一般是 1 鲁班尺 = 429mm。

2）直尺

直尺常见有木质、钢质两种，是用于测量工件长度尺寸和检验工件表面平整度的量具，尺寸有公制和英制，如图 1-48 所示。常用规格有 15cm、30cm、50cm 和 100cm 等。

测量时，一手把直尺放在木料上面，方形一面工作端用手指抵住木料，另一只手握住铅笔，笔尖紧贴尺端，笔尖沿直尺在木料上画出直线，根据画线需要，双手向外移动，画出所要求的长度的直线。移动直尺时，动作应平稳，防止木料毛刺划伤手指，同时防止直尺倾斜滑动偏离方向。

3）木折尺

木折尺一般用质地较好的薄木板制成，可以折叠，是木工常用的一种量具，其作用是丈量木材、画平行线。如图 1-49 所示。木折尺规格有四折、六折、八折，四折木折尺长 50cm，六折及八折均为 1m 长。每折用铁皮圈铆钉铆接。

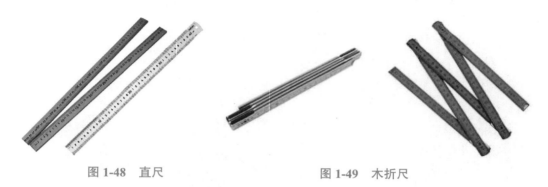

图 1-48　直尺　　　　　　　　　　图 1-49　木折尺

2. 画线工具的使用

木工在加工制作木制品前，需要在木料上弹下料墨线，划刨料线、榫眼线、榫头线、长度截断线、割角线等，需要用到以下工具。

1）木工铅笔

木工铅笔画线时，使笔芯的扁平面沿着尺划，也可使用软硬适中的普通铅笔，如 HB 型。如图 1-50 所示。

2）墨斗

用墨斗弹线时，将定针固定在画线的木板一端，另一端用手指压住，然后拉弹线绳，因线绳饱含墨汁，线绳拉弹放下，即留有弹线墨线条。传统木工常用竹笔配合墨斗画线，现今已很少用到竹笔。如图 1-51、图 1-52 所示。

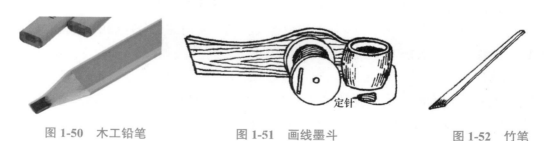

图 1-50　木工铅笔　　　　图 1-51　画线墨斗　　　　图 1-52　竹笔

3）自动收线墨斗

自动收线墨斗内有弹簧，可以自动收线，比人工卷线快。并且是全封闭的，墨汁不会溅出。如图 1-53 所示。

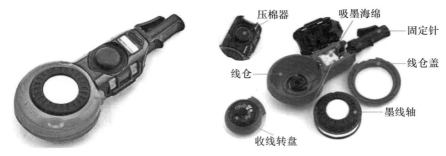

图 1-53 自动收线墨斗及其组成

4）划线针和划线刀

划线针是用钢丝磨成的尖针，用于划顺着木纹的线痕。如图 1-54 所示。

5）划线规

划线规如图 1-55 所示。使用时，先将勒刀与勒子挡的距离按需要尺寸调整好，右手拿住划线规，使勒子挡紧贴木料侧面，轻轻移动，即可在木料面上划出与木料侧面平行的线痕。双刀划线规可在木料面上一次划出距离不同的两条平行线，用于划榫眼及榫头的边线非常方便。

6）圆规

圆规有铅笔圆规、硬脚圆规、地规等。铅笔圆规、硬脚圆规用于在小工件上画大圆及大圆弧线。地规用于在大工件上画大圆及大圆弧线，如图 1-56 所示。地规使用时，移动滑块，将锥尖距离调整到所需尺寸，以一锥尖为圆心，旋转金属杆，另一锥尖可划出圆弧线。

图 1-54 划线针　　　　图 1-55 划线规　　　　图 1-56 地规

3. 检测工具的使用

制作和安装木制品时，需要检验其平直度、方正度和水平度，除使用量具外，还要使用以下工具。

1）水平尺

水平尺是安装木门窗及木屋架、木模板等测定其水平度和垂直度的工具，如图 1-57 所示。将水平尺放在被测物体上，水平尺气泡偏向哪边，则表示哪边偏高，即需要降低该侧的高度，或调高另一侧的高度。水平尺的使用方法可手机扫描二维码观看视频1-6。

2）楔形塞尺

楔形塞尺常与检验工具水平尺一起使用。将水平尺放于墙面或地面上，然后用楔形塞尺塞入，读取塞尺上的数值，可以检测墙或地面的水平度、垂直度误差。如图1-58所示。

3）角尺

木工常用的角尺有直角尺、三角尺、组合角尺和活动角尺。

直角尺可作卡方，检验两个刨削相邻面或框架角是否呈直角；可画垂直线或平行线；亦可检查较宽木料平面的平直度等。曲尺要符合90°的直角标准，其校验方法是将尺柄紧贴板材的直边，沿尺页边在板面上画一直线，然后将尺柄翻过相对方向，在同一点上再画一条直线，如果前后两条线重叠，即说明角尺符合标准，否则需要修正。如图1-59所示。

图1-57　水平尺　　视频1-6　水平尺的使用方法　　图1-58　楔形塞尺　　图1-59　直角尺

三角尺尺柄和直尺页交角90°，斜尺页与尺柄和直尺页交角均为45°，用于框架角部等画45°割角线。如图1-60所示。

组合角尺是用来画90°和45°角的，手柄内装有画针和手控测评水泡的组合角尺还可以用来做木工机械的设置和校准。如图1-61所示。

活动角尺如图1-62所示。使用时，先按需要角度调整好尺页与尺柄之间的夹角，拧紧螺栓将它们固定住，再将尺柄紧靠料面，沿尺页边即可画出所需的角度斜线。

4）线坠

线坠用于安装木构件等时校验其垂直度，也可校验墙面等其他位置的垂直度。

除普通线坠外，还有磁力线坠可供选用，如图1-63所示。使用时，将上部固定在与墙面或木饰面上，拉坠头到检测位置，坠头自动停止，用卷尺测量和检测面的距离，如上下尺寸一样，就是垂直。使用后需把线坠拉回原位，取下磁力线坠。

图1-60 三角尺　　　图1-61 组合角尺　　　图1-62 活动角尺　　　图1-63 磁力线坠

（二）木工手工工具的使用

木工手工工具主要有砍削工具、锯割工具、刨削工具、凿削工具、敲击工具、木工夹具、锉削研磨工具及其他工具等。

1. 砍削工具的使用

木工砍削工具主要是斧，除用来砍劈木材外，还可修削工件的毛坯及当作榔头使用。根据斧刃的位置，分为双刃斧和单刃斧两种，如图1-64所示。双刃斧适合做粗木工活，单刃斧砍树时容易吃木料，也容易砍直，适合做细木工活。

斧的使用方法有立砍和平砍两种，如图1-65、图1-66所示。立砍适用于砍削较短木材，平砍则适用于砍削较长板材的边缘。

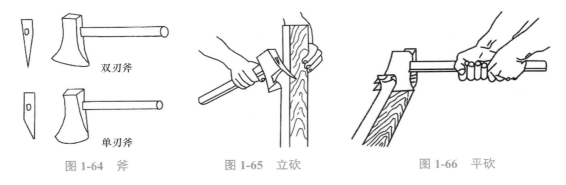

图1-64 斧　　　　　　　图1-65 立砍　　　　　　　图1-66 平砍

斧的研磨方法：用双手食指和中指压住刃口部分，也可一手握住斧把，一手压住斧刃边，紧贴在磨刀石上来回推动，向前推时要使刃口斜面始终紧贴石面，切勿使其翘起。

刃口过厚或有缺口，可用砂轮打磨，然后在细磨石上研磨，研磨时，刃口斜面要始终紧贴石面，当刃口磨得平整发青且成一直线时表明刃口已磨得锋利。

2. 锯割工具的使用

锯割是木工最基本的操作技术之一，如将长料截短，大料剖成小方或薄板，工件的开榫、锯角、锯槽等都要用到锯割工具。木工锯割工具常用框锯、板锯、钢丝锯等。

1）框锯

框锯又称木匠锯、架锯、拐锯等，是木工必备的锯割工具，如图1-67所示。常用的绳绞锯及拉筋锯如图1-68、图1-69所示。

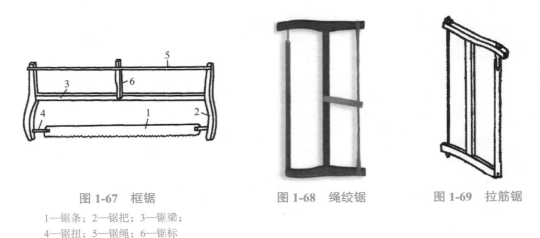

图 1-67　框锯
1—锯条；2—锯把；3—锯梁；
4—锯扭；5—锯绳；6—锯标

图 1-68　绳绞锯

图 1-69　拉筋锯

框锯使用方法有纵向锯割、圆弧锯割和横向锯割三种。

纵向锯割时，将弹过墨线的木料放在板凳上，用右脚踏住，右手操锯，将锯钮夹在小指和无名指之间，如图1-70所示。开始锯时，用左手拇指引导下锯，锯齿切入后，用左手按住锯条的背部，加速锯身的行动，同时右脚把木料踏住，以防被锯身带起。一般的姿势是上身微俯，可以上下弯动，但不可以左右摇摆，右手肘与右膝盖成垂直状态。锯割时提锯要轻，送锯要重，手腕、肘、肩与腰身同时用力，做有节奏的动作。为了锯割正确，眼睛、锯条和锯缝要三点一直线。

圆弧锯割时，用右脚踏住工作件的墨线里面，脚跟稍提起，如图1-71所示。锯割时，锯条要与木料垂直，绕不过圆弧线时，不要硬扭，应多锯几次，开出较阔的锯路。

横向锯割时，操作者应立于木料的左后方左手将木料撅紧，左脚用力踏着木料，右手握框锯上部的锯柄，如图1-72所示。起锯时，为了稳定位置，右手大拇指宜引导锯齿上线，轻轻推拉，等锯齿没入后，再加强推拉力量。向下推时，因锯齿产生锯割作用，故用力要大一些；回拉时因锯齿不起锯割作用，可将锯条稍向外顺势提上。要用力均匀，快锯完时要放慢锯割速度，用于稳住木料的端部，防止木料折断。

2）板锯

板锯又称手锯、插锯、龙头锯，锯板前窄、后宽呈梯形，手柄用木或塑料制成，用于锯割较宽的板材。板锯按其用途，分为纵割板锯、横割板锯两种，如图1-73所示。

图 1-70　纵割操作姿势　　　图 1-71　圆弧锯割操作姿势　　　图 1-72　横割操作姿势

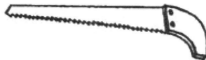

（a）纵割板锯　　　　　　　　　　　　　（b）横割板锯

图 1-73　板锯

3）钢丝锯

钢丝锯能加工一些复杂的细纹，用于锯割透孔、通花和箱子接榫等比较精密的圆弧和曲线形工件，使用方法与刀锯基本相似。如图 1-74 所示。

操作钢丝锯时，要顺势轻推轻提，头部不可正对锯弓上端，以免钢丝绷断被弹伤。锯割透孔、通花时，先在板上钻一小孔，将钢丝穿过小孔，绷紧后再进行锯割，如图 1-75 所示。钢丝锯用完后，要把钢丝一端从锯弓上摘掉，以免降低竹片弹性或钢丝受损。

图 1-74　钢丝锯　　　　　　　图 1-75　钢丝锯操作方法

【小贴士】锯的选用常遵循以下规律：宽厚木板常用大锯；窄薄木料常用小锯；横截下料常用粗锯；榫头榫肩常用细锯；硬木和湿木用略大的锯子；软木和干燥的木材用略小的锯子。

3. 刨削工具的使用

刨削工具用于木料的刨平、刨光，以及在工件上刨出沟槽和起线等。刨子按其操作方式，分为平推刨和平拉刨两类。平推刨的侧身安有手柄，向前推刨时为工作行程；平拉刨的侧身无手柄，向后拉刨时为工作行程。

1）平推刨

平推刨，由刨身、刨柄、刨刀、刨楔等组成，按长度分为长、中、短三种，其构造、形状基本相同，如图 1-76 所示。长刨，主要用于料面的找平、找直；中刨，一般用于木料的初次刨削，把粗糙不平的料面基本修整平直，给长刨的刨削打好基础；短刨分为粗短刨和细短刨两种：粗短刨，主要用来刨削大、中刨所刨不到的粗糙凹面处，以及刨削较宽或表面不要求精细的木料。细短刨，专门用来修光工件表面。

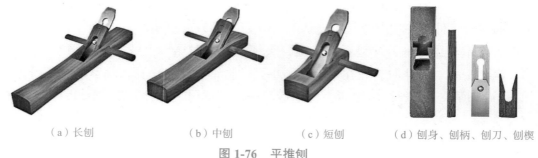

（a）长刨　　　　（b）中刨　　　　（c）短刨　　　（d）刨身、刨柄、刨刀、刨楔

图 1-76　平推刨

2）平拉刨

平拉刨是北方地区的一种常用工具，由刨身和刨刀两部分组成，如图 1-77 所示。使用时，左手握压刨身后部，右手握住刨身前部，两手同时向人身方向拉削，与平推刨的刨削方向正好相反。

3）刨的使用

刨刃调整：安装刨刃时，先调整刨刃与盖铁两者的刃口距离，用螺栓拧紧，然后将它插入刨身中，刃口接近刨底，加上木楔，稍往下压，左手捏住刨身左侧棱角处，大拇指在木楔、盖铁和刨刃处，用锤轻敲刨刃，使刨刃刃口露出刨口槽。刃口露出多少要根据刨削量而定，一般为 0.1～0.5mm，最多不超过 1mm，粗刨多一些，细刨少一些。

图 1-77 平拉刨

　　检查刃口的露出量，可用左手拿刨，刨底向上，用单眼沿刨底望去，就可看出，如图 1-78 所示。

　　如果刃口露出量太多，需要退出一些，则可轻敲刨身后端，刨刃即可退出，如图 1-79 所示。如果刨刃刨口一角突出，只需敲刨身后端同一角的侧面，刃口一角即可缩进。

　　推刨时，用两手的中指、无名指和小拇指紧握手柄，食指紧揿住刨的前身，大拇指推住刨身的手柄，用力向前推进，如图 1-80 所示。操作者的两脚必须立稳，上身略向前倾。刨身要保持平稳，尤其是当刨到木料的前端时，刨身不要翘起或仆下，退回时，应将刨身后部稍微抬起，以免刃口在木料上拖磨，使刃口迟钝，如图 1-81 所示。

　　图 1-78 进刃

　　图 1-79 退刃

　　图 1-80 推刨

　　刨较长的木料当刨完第一刨后，退回刨身，即向前跨一步，从第一刨的终点处接刨第二刨，如此连续向前。在刨弯曲料时，应先刨凹面，后刨凸面，然后再通长地刨削。

　　第一个面刨好后，应用眼睛检查木料表面是否平直，如有不平之处要进行修刨，确认无误后，即在第一面上画出大面符号。接着再刨相邻侧面，这个面不但要检查其是否平直，还要用角尺沿着正面来回拖动，检查这两个面是否相互成直角。

　　在刨削倒棱、断面时，一般采用单手推刨。单手推刨有两种方法，如图 1-82 所示。刨削断面时要先刨斜一面，然后再翻面刨削，防止戗劈。

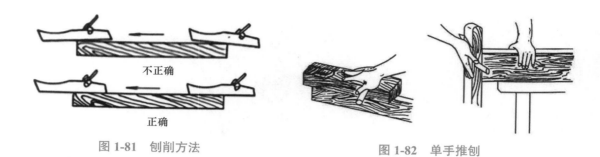

图 1-81　刨削方法　　　　　　　　　　　图 1-82　单手推刨

4. 凿削工具的使用

在工件上打眼、剔槽、狭窄部位的切削及雕刻等，要用凿进行凿削。

凿的种类，按其构造形状及用途的不同，分为平凿、斜凿、圆凿等，如图 1-83 所示。凿孔操作技术要领：

1）凿孔前，先画榫孔墨线，然后将要凿削的木料平放在工作凳上，用臀部的一边坐在木料上面，较短的木料，将其垫平，用木板压上坐牢，或扎牢后，才可操作。

2）凿孔时，左手握凿柄，右手握斧。将凿刃放在孔线内边，使刃口斜面向内，直面贴近墨线内边缘，握紧凿柄，然后用斧背敲击凿柄顶部，要正要准，不可偏斜。凿孔姿势如图 1-84 所示。

图 1-83　凿

图 1-84　凿孔姿势

凿孔时，左手握凿（刃口向内），右手握斧敲击，从榫孔的近端 1 逐渐向远端 2 凿削，先从榫孔后部下凿，以斧击凿顶，使凿刃切入木料内，然后拔出凿子，依次向前移动凿削。一直凿到前边墨线 3，最后再将凿面反转过来凿削孔的后边 4，如图 1-85 所示。

另外，还有一种下凿顺序是先从孔的后部（近身）下凿，凿斜面向后，第 2、3

凿翻转凿面亦是斜向下凿，第4、5凿均为两端下直凿收口，如图1-86所示。

凿完一面之后，将木料翻过来，按以上的方式凿削另一面。当孔凿透以后，须用顶凿将木渣顶出来。如果没有顶凿，可以用木条或其他工具将孔内的木屑顶出来。

3）凿透孔时，应先凿背面，到一半深时，再翻转过来凿正面，这样孔的四周不会产生撕裂现象。透孔的背面孔膛应稍大于墨线之外，避免安装榫头时劈裂，两端中部要稍微凸起，以便挤紧榫头。如果孔的两侧面毛糙，则可用凿子进行修光。凿削硬木料或遇到有节疤的孔，向前移凿的距离要小，撬凿要轻，以免损坏刃口。铲削木料时，凿子要稍斜行于木纹，这样铲削面较光滑。

凿子长时间使用，刃口就会变钝，严重时会出现缺口或断裂。若出现缺口或刃口裂纹，则必须先在砂轮机或油石上粗磨，然后在细磨石上磨锐。凿子的研磨方法与研磨刨刃大致相似。一般是右手握凿把的中部，左手中指、食指压在上面，掌握角度。为加快研磨速度，可把左手横压右手的前方，握紧凿把在磨石上研磨，如图1-87所示。

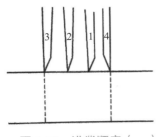

图1-85　进凿顺序（一）

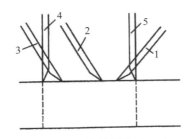

图1-86　进凿顺序（二）

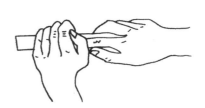

图1-87　磨凿手势

5. 敲击工具的使用

木工敲击工具主要有羊角锤、钉锺、斩口锤、圆头锤等。

羊角锤又称木工锤、起钉榔头，敲击和起拔圆钉用。锤击面稍呈圆弧形；上端呈羊角形，供起钉之用。如图1-88所示。

钉锺用工具钢制成，头部为圆锥状或小长方形平面，并经淬火处理，用于将钉头锺入木材内，以便刨削木材表面。如图1-89所示。

斩口锤又称鸭嘴锤、平头锤，锤击面平直，另一头制成楔形斩口，用于敲击沟槽内的圆钉及修理工具等。如图1-90所示。

圆头锤又称钳工锤，一端为球形，另一端为略有弧形的平面，用于修理木工工具等。如图1-91所示。

图 1-88　羊角锤

图 1-89　钉铳

图 1-90　斩口锤

图 1-91　圆头锤

6. 夹具的使用

木工夹具主要有木马架、阻铁及各种类型木工夹等。

木马架是用原木榫接制成的三脚架，砍削、锯割原木时搁置木料用。如图 1-92 所示。

阻铁，又称妻挡、班妻、顶铁等，主要有马牙钳、马牙铁、鱼尾独脚、燕尾独脚等形式。如图 1-93～图 1-95 所示。

图 1-92　木马架

图 1-93　马牙钳

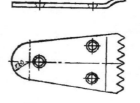
图 1-94　马牙铁

图 1-95　鱼尾独脚

F 型木工夹在身杆上自由滑动，夹持时通过拧动丝杠手柄来顶推木料，使活动夹爪产生轻微偏斜，从而卡住身杆，再继续拧动丝杠增大夹紧力。如图 1-96 所示。F 型木工夹结构坚固，装夹快速，效率高，夹持深，应用广。

G 型木工夹体积小巧，方便携带。夹持深度和宽度有限，适于夹小料和薄板。如图 1-97 所示。此外，夹身多为铸铁，强度一般，不宜大力夹紧，防止夹身断裂。

图 1-96　F 型木工夹

图 1-97　G 型木工夹

A 型木工夹体积小，携带方便，广泛用于木工胶合及拼接加工过程中，使用时将工件调整到适合的松紧度放手即可。如图 1-98 所示。

扳机式木工夹操作便捷，可单手操作，省时省力，如图 1-99 所示。部分产品有快卸接头，使用过程中可轻松切换为反撑，广泛运用于日常工作中。

| 图 1-98　A 型木工夹 | 图 1-99　扳机式木工夹 |

7. 锉削研磨工具的使用

1）木锉

凡是不能用凿、铲、刨等工具来修整工件的部位，就用木锉来加工，如小弧面、圆角及圆孔等的修整。

木锉的断面呈扁半圆形，锉身的宽度自尾部向头部逐渐狭窄；锉齿为三角形尖顶状，并向锉头方向倾斜。尾部有舌，以便装手柄使用。如图 1-100 所示。

2）钢锉

钢锉又称锉刀，是加工锉削金属表面的工具，木工用于修锉金属工具和锯齿等。如图 1-101 所示。

锉刀按其断面形状，分为齐头扁锉、尖头扁锉、方锉、圆锉、三角锉等几种；按锉刀工作部分锉纹密度（即每 10mm 长度内的主锉纹数），分为 1 号（粗齿）、2 号（中齿）、3 号（细齿）、4 号和 5 号（双细齿又称油光锉）五种。粗齿锉主要用于粗加工，中齿锉用于一般加工，细齿锉用于锉光及锉较硬的工具钢，油光锉用于精加工。

3）油石

油石又称磨石，有粗、细两种，并有软质和硬质之分，一般用软质磨石的研磨效率较高，质量较好。磨石的软、硬，一般以吸水速度来判断，吸水快的为软质，吸水慢的为硬质。如图 1-102 所示。为了便于研磨刀具和防止磨石损坏，一般将磨石镶嵌在木槽内使用。

4）砂纸

砂纸有木砂纸和水砂纸两种。木砂纸适用于打磨木、竹工件的表面；水砂纸适用于用水或油打磨工件表面。为便利施工，市面上有海绵砂块，如图 1-103 所示。

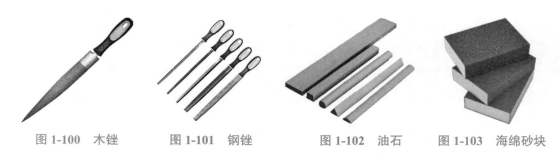

图 1-100　木锉　　　图 1-101　钢锉　　　图 1-102　油石　　　图 1-103　海绵砂块

8. 其他工具的使用

1）螺丝刀

螺丝刀由杆和柄组成，用于旋紧或旋松螺钉。如图 1-104 所示。京津冀鲁晋和陕西陕北及豫北方言称为"改锥"，河南黄河以南地区更多的叫法是螺丝刀，江西、安徽和湖北、陕西关中等地称为"起子"，中西部地区称为"改刀"。

螺丝刀按工作部分不同，分为一字形（普通的）和十字形两种；按构造不同，分为普通柄、穿心柄和夹柄三种。

2）拔齿器

拔齿器又称拨料器、正锯器、锯齿扳头、分岔器、分路器等。它由钢片和木柄组成，钢片上开有几个宽度和深度不同的缺口，用于几种不同厚度的锯片进行拔齿及校正锯路。如图 1-105 所示。

3）钢丝钳

钢丝钳又称老虎钳、克丝钳、平口钳、综合钳，钳头一般都制有平钳口、凹钳口和剪切钳口三种钳口，用于夹捏和剪切金属丝等。如图 1-106 所示。

4）胡桃钳

胡桃钳又称起钉钳、剪钉钳、蟹爪钳、鞋匠钳，其钳口与柄部互相垂直，它的钳柄末端制成适用于挤压工作的圆球形和用于起拔钉子的带缺口的扁平形等，用于拔钉，也可切断金属丝和铆钉。如图 1-107 所示。

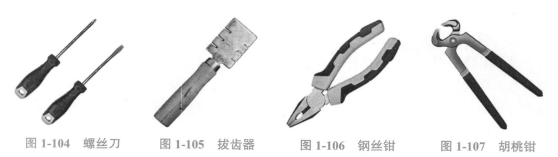

图 1-104　螺丝刀　　　图 1-105　拔齿器　　　图 1-106　钢丝钳　　　图 1-107　胡桃钳

5）棘轮扳手

棘轮扳手是一种手动螺钉松紧工具，有单头、双头多规格，由不同规格尺寸的主梅花套和从梅花套通过铰接键的阴键和阳键咬合的方式连接的，如图 1-108 所示。

（a）棘轮扳手　　　　　　　　　　　（b）棘轮套筒组套

图 1-108　棘轮扳手

棘轮扳手一般有 36 齿，45 齿，60 齿，72 齿等规格，齿数越多，棘爪在回程中需要走的行程短，扳手在回程中棘爪需要克服的回程力也越小。此外，棘轮扳手套装按尺寸大小分别称为大飞、中飞、小飞。工程中，棘轮扳手一般与套筒、批头配合组成套装，可以适应不同的使用场合。

6）活动扳手

活动扳手又称活络扳手、活络扳头，由固定钳口的扳体、活动钳口、蜗杆、销轴等组成。用于旋动六角头或方头螺栓，它的特点是开口尺寸可在规定范围内任意调节，以适应各种规格螺栓的装卸工作。如图 1-109 所示。

7）开箱钳

开箱钳又称拔钉器、老鹰嘴钳，用于拔出较大的钉子，并且拔出的钉子较直、不损伤木材表面。如图 1-110 所示。

8）油灰刀

油灰刀又称铲刀、嵌腻子刀，分软口和硬口两种：软口刀较薄（0.4mm 厚），弹性较好，用于嵌油灰、调油漆；硬口刀较厚（0.6mm），用于铲除旧油漆等。如图 1-111 所示。

9）毛刷

毛刷又称漆刷，由木柄、猪鬃和镀锡铁皮连接而成，用于涂刷胶水或油漆。漆刷的形状一般为扁状。如图 1-112 所示。

图 1-109　活动扳手　　　　图 1-110　开箱钳　　　　图 1-111　油灰刀　　　　图 1-112　毛刷

（三）现场机具开关箱位置识别

根据《供配电系统设计规范》GB 50052—2009、《施工现场临时用电安全技术规范》JGJ 46—2005 要求，施工现场用电必须符合下列规定：

（1）采用三级配电系统，即总配电柜或箱、分配电箱、开关箱，如图 1-113 所示。

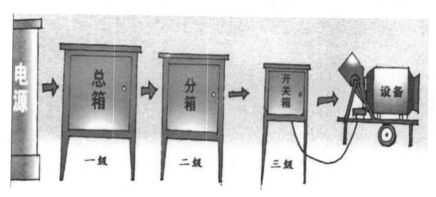

图 1-113　三级配电系统

（2）采用 TN-S 接零保护系统，现场中所有的配线均采用三相五线制。

（3）采用二级漏电保护系统，即除在末级开关箱内加装漏电保护器外，还要在上一级分配电箱或总配电箱中再加装一级漏电保护器，总体上形成两级保护。

配电箱位置的识别

1）三级配电箱

乡村建设施工阶段多为临时用电。临时用电就是在某个地方施工需要用电，临时搭建配电箱，再由各级配电箱分支到各个用电现场。配电箱分为一级配电箱（总配电箱）、二级配电箱（分配电箱）、三级配电箱（开关箱）三种。其中，一级配电箱是从变压器引入三相电源、地线、零线；二级配电箱是从一级配电箱电源至临时用电区域；三级配电箱是电器设备自身的控制柜。各级配电箱如图 1-114 所示。

（a）一级配电箱　　　　　　　（b）二级配电箱　　　　　　　（c）三级配电箱

图 1-114　配电箱

2）施工现场配电箱位置的识别

（1）一级配电箱位置

一般安装在变压器或者配电室附近，如果工地距变压器或者配电室远，则会考虑安装到工地用电机械相对中心位置，且不影响物资运输和存放，为下步安装二级配电箱做准备。

（2）二级配电箱位置

一般安装在起吊设备与搅拌机中间位置，且不影响物资运输和存放。钢筋制作区、木工加工区等各放置一台。

（3）三级配电箱位置

安装在用电设备负荷相对集中的地区，二级配电箱与三级配电箱之间的距离不超过30m。

【小贴士】动力配电箱与照明配电箱分别设置，如合置在同一配电箱内，动力与照明线路分路设置，照明线路接线接在动力开关的上侧。三级配电箱是末级配电箱配电，箱内一机一闸一漏，每台用电设备都有自己的开关，严禁用一个开关电器直接控制两台以上的用电设备。

3）配电箱安装位置的要求

配电箱安装位置主要考虑安全和使用便利两方面。

（1）安全

配电箱、开关箱应装设在干燥、通风及常温场所；不得装设在瓦斯、烟气、蒸汽、液体及其他有害介质中。不得装设在易受外来物体撞击、强烈振动、液体浸溅及热源烘烤的场所。避免在潮湿、易燃的环境中安装，以免电路设施遭受损害。

（2）使用便利

一般应该安装在方便操作的地方，周围不要堆积材料，不要遮挡配电箱。另外，也要远离干扰因素，如电器、电线、垃圾桶等。常见配电箱及开关箱安装如图1-115～图1-118所示。

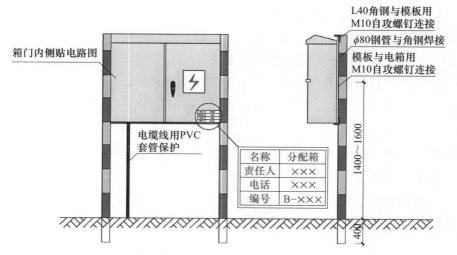

图 1-115　固定式分配电箱示意图

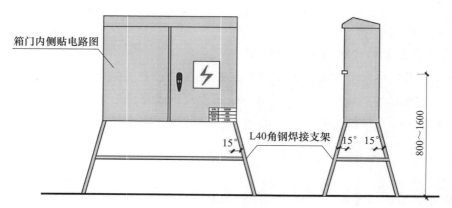

图 1-116　移动式分配电箱示意图

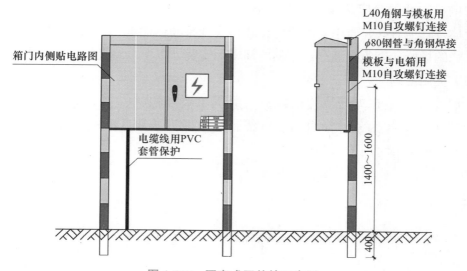

图 1-117　固定式开关箱示意图

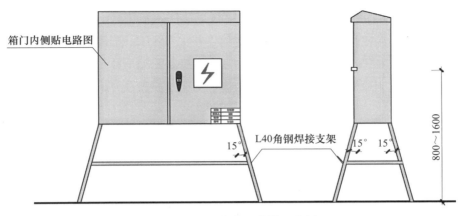

箱门内侧贴电路图

L40角钢焊接支架

15°　　15°　15°

800～1600

图 1-118　移动式开关箱示意图

（四）设备的通断电和开关箱的使用

1. 设备的通、断电

1）设备通、断电的步骤

施工现场设备在使用过程中，必须按照下述步骤通、断电：

通电操作步骤：总配电箱→分配电箱→开关箱。

断电操作步骤：开关箱→分配电箱→总配电箱（出现电气故障和紧急情况除外）。

2）设备通、断电的要求

（1）通电之前，必须检查设备和电线路是否完好，有无损坏和缺陷；检查设备插头是否插紧；查看设备的开关是否处于关闭状态，否则突然通电会造成设备和人员的安全隐患。

（2）设备断电前，应提前告知相关人员，设备停止运行，避免设备在运行状态下突然断电而造成损坏。

（3）对配电箱、开关箱进行定期维修、检查时，必须将其前一级相应的电源隔离开关分闸断电，并应悬挂"禁止合闸、有人工作"停电标志牌，严禁带电作业。

（4）对手持电动工具、搅拌机、钢筋加工机械、木工机械等设备进行清理、检查、维修时，必须首先将其开关箱分闸断电，呈现可见电源分断点，并关门上锁。

（5）工作中如遇中途断电后再复工时，应重新检查所有用电安全措施，一切正常后，方可重新开始工作。

2. 现场机具开关箱的使用

配电箱及开关箱在使用过程中需注意下列事项：

（1）配电箱、开关箱必须防雨、防尘。施工现场停止作业一小时以上时，应将动力开关箱断电上锁。配电箱、开关箱周围应有足够两人同时工作的空间和通道。

（2）进入开关箱的电源线，严禁用插销连接。所有配电箱均应标明名称、用途，并作出分路标记。所有配电箱门应配锁，配电箱和开关箱应由专人负责。

（3）配电箱、开关箱内的连接线应采用绝缘导线，接头不得松动，不得有外露带电部分。

（4）配电箱和开关箱金属箱体、金属电器安装板以及箱内电器的不应带电底座、外壳等必须作保护接零。保护零线应通过接线端子板连接。各种开关电器的额定值应与其控制用电设备的额定值适应。

（5）开关箱中必须装设漏电保护器。漏电保护器应装设在配电箱电源隔离开关的负荷侧和开关箱电源隔离开关的负荷侧。

（6）手动开关电器只许用于直接控制照明电路和容量不大于 5.5kW 的动力电路。容量大于 5.5kW 的动力电路采用自动开关电器或降压启动装置控制。

（7）配电箱、开关箱内的电器必须可靠完好，不准使用破损、不合格的电器。

【小贴士】所有配电箱、开关箱应每月进行检查和维修一次。检查、维修人员必须是专业电工。检查、维修时必须按规定穿戴绝缘鞋、手套，必须使用电工绝缘工具。对配电箱、开关箱进行检查、维修时，必须将其前一级相应的电源开关分闸断电，并悬挂停电标志牌，严禁带电作业。

第二章 测量放线

第一节 测量

【小贴士】工程量是以物理计量单位或自然计量单位表示的各个分项工程和结构构件的数量。物理计量单位一般是指以公制度量表示的长度、面积、体积和重量等。如楼梯扶手以"米"为计量单位；墙面抹灰以"平方米"为计量单位；混凝土以"立方米"为计量单位；钢筋的加工、绑扎和安装以"吨"为计量单位等。自然计量单位主要是指以物体自身为计量单位来表示工程量。如直螺纹套筒以"个"为计量单位；设备安装工程以"台""套""组""个""件"等为计量单位。

（一）建筑尺寸一般知识

（1）房间开间。房间开间指相邻两面墙之间的水平距离，即房间的宽度。房间开间的常见范围有：小型住宅 2.7～3.0m；中型住宅 3.3～3.6m；大型住宅 3.9～5.4m。

（2）房间进深。房间进深指房间的长度，即从前墙到后墙的距离。房间进深的常见范围有：小型住宅 3.6～4.5m；中型住宅 4.8～6.0m；大型住宅 6m 以上。

（3）柱的截面。柱的截面尺寸取决于其所承受的荷载、建筑高度和结构形式。常见的柱截面形状有矩形和圆形，尺寸范围如下：矩形截面的尺寸通常为 300～800mm；圆形截面的直径通常为 300～1000mm。

（4）墙体厚度。常见的墙体厚度有：半砖墙为 120mm；一砖墙为 240mm；一砖半墙为 370mm；两砖墙为 490mm。

（5）梁的高度。梁的高度是根据跨度、荷载和建筑结构要求来确定的。常见的梁高尺寸有：小型梁 200～400mm；中型梁 400～800mm；大型梁 800mm 以上。

（6）梁的宽度。梁的宽度通常与梁的高度保持一定的比例，以保证梁的结构性能。常见的梁宽尺寸为 200～400mm。

（7）楼板厚度。楼板的厚度取决于其材料、跨度、荷载等因素。常见的楼板厚度有：钢筋混凝土楼板 100～150mm；轻质楼板（如木质、金属等）根据所选材料的不同，厚度通常为 10～100mm。

（8）楼梯尺寸。踏步常见的尺寸为 150mm×300mm；楼梯净宽不小于 1100mm，不大于 2400mm。

（9）门窗尺寸。门的宽度通常为 0.8～1.2m，高度通常为 1.9～2.4m；常见门的尺寸：单门 900mm×2400mm，双门 1200mm×2400mm、1500mm×2400mm、1800mm×2400mm、2100mm×2400mm。窗的宽度通常为 1.0～2.0m，高度通常为 1.2～2.4m。

（二）单位的区分

常用的基本单位有长度单位、角度单位、重量单位、面积单位、容积单位等。

1. 长度单位的区分

长度单位常用千米（km）、米（m）、分米（dm）、厘米（cm）、毫米（mm）等。长度单位在各个领域都有重要的作用。

2. 角度单位的区分

角度用于描述角的大小，度是用以度量角的大小的单位，符号为"°"。一周角分为 360 等份，每份为 1 度（1°）。1°分为 60 等份，每份为 1 分（1′）。1′再分为 60 等份，则每份为 1 秒（1″）。

3. 重量单位的区分

重量单位常用吨（t）、千克（kg）、克（g）、毫克（mg）等，一般用电子秤或磅秤等进行称重操作。这里所说的重量，实际上是质量，在日常生活中，也常说重量是多少公斤或斤。

4. 面积单位的区分

面积单位常用平方毫米（mm^2）、平方厘米（cm^2）、平方分米（dm^2）、平方米（m^2）、公顷（hm^2）、平方千米（km^2）。常见平面图形的面积计算公式列举如下：

长方形（矩形）：长方形（矩形）面积＝长 × 宽＝ab

正方形：正方形面积＝边长 × 边长＝a^2

平行四边形：平行四边形面积＝底 × 高＝ah

三角形：三角形面积＝底 × 高 ÷2＝$ah/2$

梯形：梯形面积＝（上底＋下底）× 高 ÷2＝$(a+b)h/2$

圆形：圆形面积＝圆周率 × 半径 × 半径 ＝ πr^2

5. 容积单位的区分

容积单位常用升（L）和毫升（mL），也用立方米（m³）、立方分米（dm³）、立方厘米（cm³）等，其中 $1dm^3 = 1L$，$1cm^3 = 1mL$。常见立体图形的容积计算公式列举如下：

长方体：长方体容积＝长 × 宽 × 高 ＝ abh

正方体：正方体容积＝棱长 × 棱长 × 棱长 ＝ a^3

圆柱体：圆柱体容积＝底面积 × 高 ＝ $\pi r^2 h$

圆锥体：圆锥体容积＝底面积 × 高 ÷ 3 ＝ $\pi r^2 h/3$

（三）单位的换算

1. 长度单位的换算

主要长度单位之间的换算关系见表 2-1。

主要长度单位换算表 表 2-1

单位	公制					市制			
	米（m）	分米（dm）	厘米（cm）	毫米（mm）	千米（km）	市寸	市尺	市丈	市里
1m	1	10	100	1000	1×10^{-3}	30	3	0.3	0.002
1dm	0.1	1	10	100	1×10^{-4}	3	0	0.03	2×10^{-4}
1cm	0.01	0.1	1	10	1×10^{-5}	0.3	0.03	0.003	2×10^{-5}
1mm	0.001	0.01	0.1	1	1×10^{-6}	0.03	0.003	0.0003	2×10^{-6}
1km	1000	10000	1×10^5	1×10^6	1	30000	3000	300	2
1市寸	0.033	0.33	3.33	33.33	3.33×10^{-5}	1	0.1	0.01	6.67×10^{-5}
1市尺	0.33	3.33	33.33	333.33	3.33×10^{-4}	10	1	0.1	6.67×10^{-4}
1市丈	3.33	33.33	333.33	3333.33	3.33×10^{-3}	100	10	1	6.67×10^{-3}
1市里	500	5000	50000	5×10^5	0.5	15000	1500	150	1

2. 角度单位的换算

常用角度单位之间的换算关系见表 2-2。

常用角度单位换算表 表 2-2

单位	角度		
	度（°）	分（′）	秒（″）
1°	1	60	3600
1′	1/60	1	60
1″	1/3600	1/60	1

3. 质量单位的换算

常用公制与市制质量单位之间的换算关系见表 2-3。

常用公制与市制质量单位换算表 表 2-3

单位	公制			市制		
	千克（kg）	克（g）	吨（t）	两	斤	担
1kg	1	1000	0.001	20	2	0.02
1g	0.001	1	1.0×10^{-6}	0.02	0.002	0.2×10^{-4}
1t	1000	1000000	1	20000	2000	20
1 两	0.05	50	0.5×10^{-4}	1	0.1	0.001
1 斤	0.5	500	0.0005	10	1	0.01
1 担	50	50000	0.05	1000	100	1

4. 面积单位的换算

常用公制与市制面积单位之间的换算关系见表 2-4。

常用公制与市制面积单位换算表 表 2-4

单位	公制			市制		
	平方米（m²）	公顷（hm²）	平方千米（km²）	亩	分	厘
1m²	1	0.0001	0.000001	0.0015	0.015	0.15
1hm²	10000	1	0.01	15	150	1500
1km²	1000000	100	1	1500	15000	150000
1 亩	666.$\dot{6}$	0.0$\dot{6}$	0.000$\dot{6}$	1	10	100
1 分	66.$\dot{6}$	0.00$\dot{6}$	0.0000$\dot{6}$	0.1	1	10
1 厘	6.$\dot{6}$	0.000$\dot{6}$	0.00000$\dot{6}$	0.01	0.1	1

5. 容积单位的换算

常用容积单位之间的换算关系见表 2-5。

常用容积单位换算表 表 2-5

单位	立方米（m³）	立方分米（dm³）	立方厘米（cm³）	升（L）	毫升（mL）
1m³	1	1000	1000000	1000	1000000
1dm³	0.001	1	1000	1	1000
1cm³	0.000001	0.001	1	0.001	1
1L	0.001	1	1000	1	1000
1mL	0.000001	0.001	1	0.001	1

第二节 放线

（一）放线工具的使用

1. 放线方法的选用

常规放线主要依据解析几何法先进行内业计算后，再用经纬仪与钢卷尺联合放线。常见的放线方法主要有直接拉线法、几何作图法、直角坐标法、极坐标法、直角坐标和计算机辅助法等。各种方法的特点见表 2-6。

放线方法比较 表 2-6

方法	优点	缺点	局限性
直接拉线法	操作简便	精度不高	用于表面平整
几何作图法	施工麻烦，桩点多	精度不高	受场地影响大
直角坐标法	施工操作方便	内业计算量大，易出错	桩点较多
极坐标法	施工操作方便	内业计算量大，易出错	桩点较多
直角坐标和计算机辅助法	施工简便，精度较高，内业计算工作量小		不受施工场地限制，自动校正

2. 放线工具的使用

常用放线工具有钢卷尺、经纬仪、水准仪、全站仪、激光水平仪等。

1）钢卷尺

钢卷尺尺宽 1～1.5cm，长度有 20m、30m、50m 等。常用的钢卷尺全尺刻有毫米分划，在每厘米、每分米及每米的分划线处均注有数字。由于钢卷尺的零点位置不同，又分为端点尺与刻线尺。端点尺如图 2-1（a）所示，是以钢卷尺的外端点为零点。刻线尺如图 2-1（b）所示，在尺的起始端刻有一细线作为尺的零点。

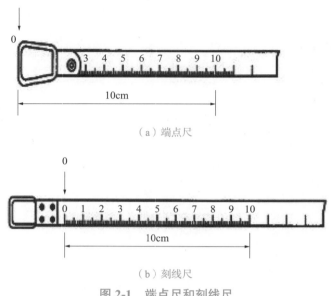

（a）端点尺

（b）刻线尺

图 2-1　端点尺和刻线尺

2）经纬仪

经纬仪的结构如图 2-2 所示。经纬仪的操作如下：

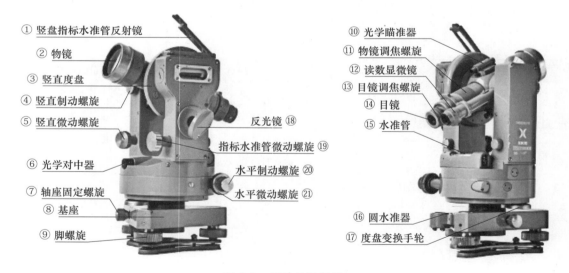

① 竖盘指标水准管反射镜
② 物镜
③ 竖直度盘
④ 竖直制动螺旋
⑤ 竖直微动螺旋
⑥ 光学对中器
⑦ 轴座固定螺旋
⑧ 基座
⑨ 脚螺旋
反光镜 ⑱
指标水准管微动螺旋 ⑲
水平制动螺旋 ⑳
水平微动螺旋 ㉑
⑩ 光学瞄准器
⑪ 物镜调焦螺旋
⑫ 读数显微镜
⑬ 目镜调焦螺旋
⑭ 目镜
⑮ 水准管
⑯ 圆水准器
⑰ 度盘变换手轮

图 2-2　经纬仪的结构

（1）安置经纬仪

安置仪器时，先张开三脚架，放在测站点上，使脚架头大致水平，架头中心大致对准测站标志，同时注意使脚架的高度适中，以便观测；然后装上仪器，旋紧中心连接螺旋。

（2）经纬仪的对中

调节好光学对中器⑥，固定三脚架的一条腿于适当位置作为支点，两手分别握住另外两条腿提起并作前后左右的微小移动；在移动的同时，从光学对中器⑥中观察，使地面标志中心成像于对中器的中心小圆圈内，然后放下两架腿，固定于地面上。其对中误差一般小于 1mm。

（3）经纬仪的整平

整平分为粗平和精平。粗平方法：调节伸缩三脚架腿直至使仪器圆水准器⑯气泡居中；精平步骤为：转动脚螺旋⑨使照准部管水准器（水准管⑮）气泡居中，从而保证仪器的竖轴竖直和水平度盘水平。整平时，转动仪器的照准部，使水准管⑮平行于任意一对脚螺旋⑨的连线，左、右手转动脚螺旋，使气泡居中。再将仪器绕竖轴旋转 90°，使管水准器（水准管⑮）与原两脚螺旋的连线垂直，转动第三只脚螺旋，使气泡居中，如图 2-3 所示。

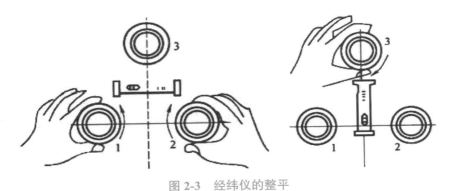

图 2-3　经纬仪的整平

只有连续两次将仪器绕竖轴旋转 90° 后，管水准器（水准管⑮）仍然居中，方为合格；否则，依照上述方法继续调整，直至合格为止。

（4）经纬仪的瞄准与读数

瞄准：首先是目镜⑭调焦，把望远镜对着明亮的背景，转动目镜调焦螺旋⑬，使望远镜十字丝成像清晰；再进行粗略瞄准，松开经纬仪的水平制动螺旋⑳和竖直制动螺旋④，转动望远镜，通过粗瞄准器照准目标的底部，调整物镜调焦螺旋⑪，使目标成像清晰，拧紧水平制动螺旋⑳和竖直制动螺旋④。调整水平微动螺旋㉑和竖直微动螺旋⑤，使单根十字丝竖丝与目标中线重合，双根十字丝竖丝夹准目标，十字丝的中丝与目标点相切。

读数：瞄准目标后，打开采光窗，调整反光镜的位置，使读数窗明亮，再调整读数显微镜调焦螺旋，使读数清晰，根据读数装置来正确读取读数。同时，记录员将所测方向读数值记录在测量手簿中。

3）水准仪

水准仪结构图如图2-4所示。水准仪的操作如下：

（1）安置水准仪

在测站上安置三脚架，调节架腿使其高度适中，目估使架头大致水平，检查脚架伸缩螺旋是否拧紧。打开仪器箱，取出水准仪置于三脚架头上，用连接螺旋把水准仪与三脚架头固定连接在一起，如图2-5所示。安置时，一手扶住仪器，一手用中心连接螺旋将仪器牢固地连接在三脚架上，以防仪器从架头滑落。

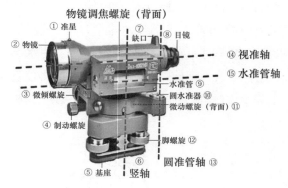

图 2-4　水准仪结构图　　　　　　　图 2-5　水准仪架设

（2）水准仪粗略整平

先将三脚架中的两架脚踏实，然后操纵第三架脚左右、前后缓缓移动，使圆水准器⑩气泡基本居中，再将此架脚踏实，然后调节脚螺旋⑫使气泡完全居中。调节脚螺旋⑫的方法如图2-6所示，在整平过程中，气泡移动的方向与左手（右手）大拇指转动方向一致（相反）。有时要按上述方法反复调整脚螺旋，才能使气泡完全居中。

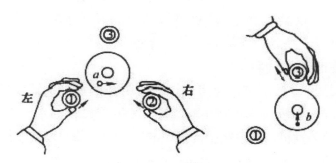

图 2-6　圆水准器气泡居中

（3）水准仪瞄准水准尺

a. 首先进行目镜⑧对光，即把望远镜对着明亮背景，转动目镜调焦螺旋使十字丝成像清晰。

b. 松开制动螺旋④，转动望远镜，用望远镜筒上部的准星①和照门大致对准水准尺后，拧紧制动螺旋④。

c. 从望远镜内观察目标，调节物镜②调焦螺旋，使水准尺成像清晰。

d. 最后用微动螺旋⑪转动望远镜，使十字丝竖丝对准水准尺的中间稍偏一点，以便进行读数。

（4）消除水准仪视差

消除视差的方法是反复进行目镜⑧和物镜②调焦。直至眼睛上、下移动，读数不变为止。此时，从目镜⑧端所见十字丝与目标成像都十分清晰。

（5）水准仪的精平与读数

a. 精确整平。调节微倾螺旋③，使目镜⑧左边观察窗内的符合水准器的气泡两个半边影像完全吻合，这时水准仪视准轴⑭处于精确水平位置。精平时，由于气泡移动有一个惯性，所以转动微倾螺旋③的速度不能太快。只有符合气泡两端影像完全吻合而又稳定不动，才表示水准仪视准轴⑭处于精确水平位置。带有水平补偿器的自动安平水准仪不需要这项操作。

b. 读数。符合水准器气泡居中后，即可读取十字丝中丝在水准尺上的读数。直接读出米、分米和厘米，估读出毫米。一般的水准仪多采用倒像望远镜，因此读数时应从小到大，即从上往下读。也有正像望远镜，读数与此相反。

c. 精确整平与读数虽是两个不同的操作步骤，但在水准测量的实施过程中，却把两项操作视为一体，即精平后再进行读数。读数后还要检查水准管⑨气泡是否完全符合，只有这样，才能读取准确的读数。

d. 当改变望远镜的方向做另一次观测时，水准管⑨气泡可能偏离中央，必须再次调节微倾螺旋③，使气泡吻合才能读数。

（6）普通水准仪一般性检验

a. 水准仪校正之前，应先进行一般性的检验，检查各主要部件是否能起有效的作用。

b. 安置仪器后，应检验望远镜成像是否清晰，物镜②对光螺旋和目镜⑧对光螺旋是否有效，制动螺旋④、微动螺旋⑪、微倾螺旋③是否有效，脚螺旋⑫是否有效，三脚架是否稳固等。

4）全站仪

用全站仪放样的步骤包括测量准备、建站定向、设置放样点坐标和实施放样。

（1）测量准备

全站仪放样用到的仪器工具如图 2-7 所示。

在测站点 A 安置全站仪，对中整平，在后视点 B 竖立棱镜，如图 2-8 所示。

（2）建站定向

点击"建站"，进行已知点建站和后视检查，完成建站定向，如图 2-9 所示。

输入测站点坐标，如图 2-10 所示。

图 2-7　全站仪坐标放样仪器工具

图 2-8　全站仪放置

图 2-9　建站定向

图 2-10　输入测站点坐标

设置后视点坐标或方位角，如图 2-11 所示。

照准后视，进行后视点设置，完成建站，如图 2-12 所示。

（3）设置放样点坐标

进入点放样界面，输入或者调取放样点坐标，如图 2-13 所示。

图 2-11　设置后视点

图 2-12　照准后视

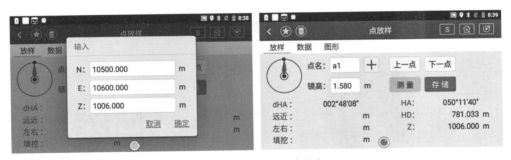

图 2-13　设置放样点坐标

（4）实施放样

旋转仪器直到 dHA 为 0°00′00″，指挥立尺员移动棱镜。程序自动计算，得到棱镜前后移动的距离。根据提示，不断反复"测量"并移动棱镜直到 dHA 和前后、挖填全部为 0，则找到放样点。如图 2-14 所示。

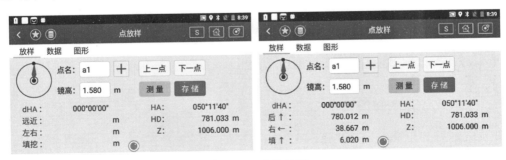

图 2-14　实施放样

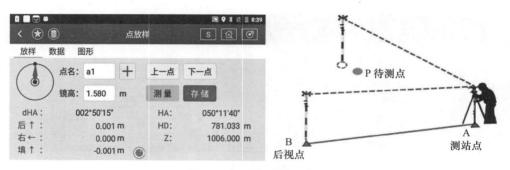

图 2-14　实施放样（续）

5）激光水平仪

激光水平仪是一种智能化显示装置仪器，通过投射光线，直观地展示区域水平、垂直情况，常搭配脚架使用，如图 2-15 所示。

激光水平仪的使用方法很简单，首先打开开关，水平仪上一般有自动校正系统，如果不平它会自动发出声音，水平之后就没有声音了。测量时，待气泡完全静止后方可进行读数。

为避免由于水平仪零位不准引起的测量误差，使用前必须对水平仪的零位进行校对。

激光水平仪的使用可扫描二维码观看视频 2-1。

图 2-15　激光水平仪　　　　　　　　　　视频 2-1　激光水平仪的使用

（二）现场放线与图纸位置的对应

1. 测量放线基本知识

1）控制点

在进行测量放线工作之前，首先需要选取合适的控制点。一般来说，控制点应选取在不易受外界干扰、视野开阔且能长期保存的地方。埋设控制点时，需采用坚固的基座和标志，确保点位的稳定和长期有效。

2）放线

放线主要包括设置导线、角度测量和距离测量等步骤。首先，根据工程需要和设计要求，合理设置导线网，确保导线能够覆盖整个测区。然后，利用经纬仪等仪器进行角度测量，确保导线网的准确性。同时，使用测距仪等工具进行距离测量，精确计算各导线点的坐标。

3）沉降观测

在工程建设和使用过程中，由于地基土质的差异、施工荷载的变化等因素，建筑物可能会出现沉降现象，需通过沉降观测及时发现安全隐患。在进行沉降观察时，需要选择合适的观测点，定期测量各点的高程变化，绘制沉降曲线图，分析建筑物的沉降趋势和速率。

4）拉线和弹线方法

为保证放线精度，放线时需注意采用正确的弹线方式。工人用手把线掭起来的时候，要保证线所在的平面和被弹线的面呈 90° 直角，否则线就会弯。若是两个人拉线，站在同一侧或者不同侧都是错误的，要面对面站立，如图 2-16 所示。

铅笔画好点后，一个人按在点上，另一个负责弹线的人拉线的时候则要把线延长一点。弹线的人把线掭起来，闭上一只眼睛，另一只眼睛瞄准，眼睛、线绳和铅笔画的点三点成一线，如图 2-17 所示。

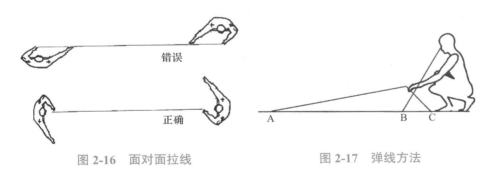

图 2-16　面对面拉线　　　　　　　图 2-17　弹线方法

2. 现场放线与图纸位置的对应

现场放线与图纸位置对应最直观的方法就是先把现场的方位与图纸结合起来，找出图纸和现场的对应点，比如柱、结构墙等，从这些地方开始，按图纸所标明的尺寸放线。如果遇到图纸与现场实际不符合的情况，必须做好记录，在现场验线时提出。

施工现场放线与图纸位置对应的方法如下：

（1）进场后首先对房主提供的施工图进行复核，以确保设计图纸尺寸无误。

（2）按照图纸的设计要求并结合现场条件，建立控制坐标和水准点。水准点由永久水准点引入，应采取保护措施，确保水准点不被破坏。

（3）对现场的坐标和水准点进行检查，发现误差过大时应进行处理，经确认后方可正式定位放线。

（4）取工程纵横向的主轴线作为现场控制网轴线，组成现场控制网。工程的其他轴线依据主轴线位置确定。

（5）工程定位后要对照图纸进行复核验收，合格后方可开始施工。

3. 工程案例

实际工程放线案例如图 2-18 所示。

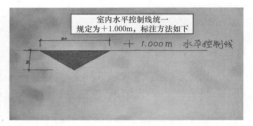

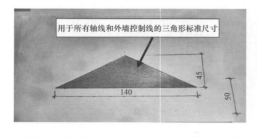
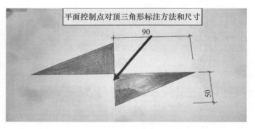
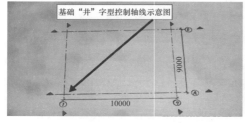

图 2-18　实际工程放线案例

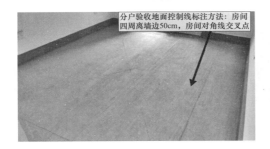
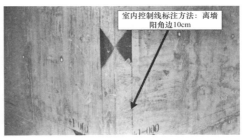

图 2-18 实际工程放线案例（续）

第三章　工程施工

第一节　加工制作

（一）脚手架材料分类码放与运输

1. 脚手架的分类码放

1）现场堆放规范

（1）选择合适的场地：在进行脚手架材料的堆放时，要选择合适的场地，保证堆放的场地平整、稳固，并具备良好的通风条件。同时还要考虑到施工现场的需要，合理安排材料的存放位置。

（2）材料的分类堆放：不同类型的脚手架材料应分类堆放，避免混淆和交叉使用。例如，不同长度钢管、扣件等脚手架主要部件应分开堆放。

（3）标识明确：在进行脚手架材料的堆放时，要对堆放区域进行明确的标识，以便施工人员快速找到所需的材料。可以通过贴标签、刷涂颜色等方式进行标识。

（4）确保通道畅通：脚手架材料堆放区域，要确保通道畅通，方便施工人员和设备的进出。堆放的材料不能堵塞道路和通道，避免对施工人员和设备的安全造成隐患。

2）钢管的存放要求

（1）地面平整：钢管的存放区域应选择平整的地面，避免有突起物或坑洼。

（2）防潮防雨：存放区域应具备防潮和防雨的设施，如可在地面覆盖塑料薄膜或搭建简易棚架。

（3）分类存放：钢管应按规格、型号和材质分类存放，便于使用和管理。

（4）避免重压：存放时应避免重压，以免变形或受损。钢管码放如图 3-1 所示。

3）脚手架配件的存放要求

（1）清晰标记：将脚手架配件进行清晰标记，以便工人快速找到所需配件。

（2）分区存放：根据不同配件的特点，建议分区存放，例如将连接件、螺栓等小配件放在专用小盒中，并分类摆放。

图 3-1 钢管码放

（3）防锈防潮：脚手架配件容易受到氧化和潮湿的影响，可在存放过程中使用防锈剂，并避免存放在潮湿的地方。

（4）定期检查：定期检查脚手架配件的存放情况，及时处理损坏或丢失的配件，确保完整性和可用性。脚手架配件的码放如图 3-2～图 3-4 所示。

图 3-2 扣件码放

图 3-3 竹串片脚手板码放　　　　图 3-4 竹笆脚手板码放

4）常见问题处理

（1）材料损坏：对于损坏的材料，应及时进行记录，并及时更换或修复。

（2）存放区域不足：如存放区域不足，可以考虑进行分批次或分区域存放，以免影响施工进度。

（3）安全隐患：定期检查存放区域的安全隐患，如滑倒、坠落等，并采取相应的防范措施，确保施工人员的安全。

（4）物料堆放顺序：对于不同材料，应按照施工顺序进行堆放，以方便后续施工操作。

2. 脚手架的运输

在脚手架施工中，材料运输配送也是至关重要的环节。脚手架材料运输过程中需做到如下几点：

1）合理规划

在进行脚手架施工前，必须对材料的数量和类型进行合理规划，这样才能避免过多或不足的情况出现。同时，还要考虑到施工现场的条件，确保材料的配送能够顺利进行。

2）选择合适的运输工具

根据施工现场的具体情况，选择合适的运输工具进行材料的配送。一般来说，大型工地可以选择使用吊车或卡车进行运输，小型工地则可以使用小型货车或手拉车进行配送。

3）确保材料的完好无损

在进行材料配送时，要确保材料的包装完好无损，必须采取相应的防护措施，避免材料在运输过程中受到损坏。

4）保持施工现场的整洁

在进行材料配送时，要注意不要破坏施工现场的整洁。及时清理配送中产生的垃圾和杂物，保证施工现场的安全和美观。

（二）模板材料分类码放与运输

1. 木模板的分类码放

（1）拼装、存放模板的场地必须平整坚实，不得积水。存放时，板面与地面不可直接接触，底部应垫方木，堆放应稳定，立放应支撑牢固。

（2）地上码放模板的高度不得超过 2m，架子上码放模板不得超过 3 层。

（3）做好模板外表处理工作，在建筑模板的外表均匀涂布一层脱模剂，以便脱模和外表清洗，延长模板使用寿命，改进质量。

（4）所有模板和支撑系统应按不同材质、品种、规格、型号、大小、形状分类堆放，应注意在堆放中留出空地或交通道路，以便取用。

（5）为防止模板表面覆膜的老化，需要避免在阳光下暴晒。若存放环境较潮湿，应除去模板外包装及打包带以免产生变形。二次搬运时，应重新打包捆扎以避免滑落造成损失和事故。

（6）清洁模板的内外表层时不能使用较为尖锐的工具，以免对其表面造成破坏。使用中如果出现了一些划痕或者破损，可以使用油灰来填充后，再使用专用的修补漆来进行密封。

（7）不得随意靠墙堆放模板。

2. 木模板的运输

（1）作业前检查使用的运输工具是否存在安全隐患，经过检查，合格后方可使用。

（2）作业前应对运输道路进行平整，保持道路坚实、畅通。

（3）用架子车装运材料应 2 人以上配合操作，保持架子车平稳，拐弯要示意，车上不得乘人。

（4）使用手推车运料时，在平地上前后车间距不得小于 2m，下坡时应稳步推行，前后车间距应根据坡度确定，但是不得小于 10m。

（5）使用吊装机械作业时，必须服从信号的指挥，与操作员协调配合，吊装范围内不得有无关人员。

（6）不同规格的钢模板不得混装混运。运输时，必须采取有效措施，防止模板滑动、倾倒。

第二节　现场施工

木模板及支撑安装应拼接合理，拆装方便，拼缝严密、不漏浆。支撑必须装在坚实的基础上，并有足够的支撑面积，以保证所浇捣的结构不致发生下沉。

（一）模板的安装

1. 基础模板安装

乡村房屋现多采用钢筋混凝土独立基础和条形基础两种。独立基础又分矩形基础、阶形基础和锥形基础，主要以阶形基础为主。

1）矩形基础模板

矩形基础模板由四块模板拼成的侧模和四周支撑组成，如图 3-5 所示，其安装程序如下：

（1）首先校验基础垫层标高，弹出基础的纵横中心线和边线。

（2）然后立拼四块侧板，将同基础同宽两端平齐的侧板按线放好临时固定，再将另一对侧板从两边靠上用钉临时固定，校直校方侧板后将四块侧板钉牢。

（3）最后钉四周水平撑、斜撑和木桩，将模板位置和形状固定。在四块侧板内表面弹出基础上表面位置线。

矩形基础模板的安装可扫描二维码观看视频 3-1。

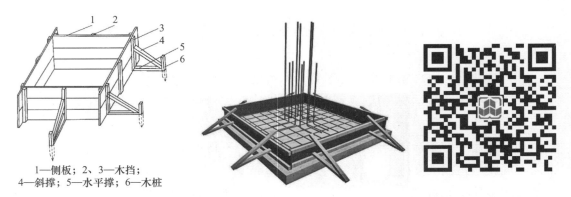

1—侧板；2、3—木挡；
4—斜撑；5—水平撑；6—木桩

图 3-5 矩形基础模板　　　　　　　　　视频 3-1 矩形基础
　　　　　　　　　　　　　　　　　　　　模板的安装

2）阶形基础模板

阶形基础模板的每一台阶模板均由四块侧板拼钉而成，其中两块侧板的尺寸与相应的台阶侧面尺寸相等，另两块侧板长度应比相应的台阶侧面长度 150～200mm，高度相同，如图 3-6 所示，其安装程序如下：

（1）四块侧板用木挡拼成方框，上台阶模板中的两块侧板的最下一块拼板要加长（轿杠木），便于搁置在下台阶模板上，下台阶模板的四周要设斜撑和平撑。

（2）斜撑和平撑一端钉在侧板的木挡（排骨挡）上，另一端钉在木桩上。

（3）上台阶模板的四周也要用斜撑与平撑支撑，斜撑与平撑的一端钉在上台阶侧板的木挡上，另一端可钉在下台阶侧板的木挡顶上。

（4）模板安装时，首先在侧板内侧画出中线，在基坑底弹出基础中线，把各台阶侧板拼成方框。

（5）然后把下台阶模板放在基坑底，两者中线互相对齐，并用水平尺校正其标高，在模板周围顶上木桩。上台阶模板放在下台阶模板上的安装方法同上。

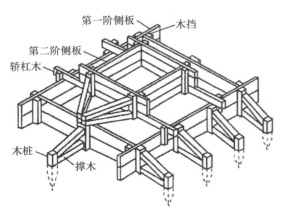

图 3-6　阶形基础模板

3）条形基础模板

条形基础又称带形基础，分为矩形条形基础和带地梁条形基础两种。条形基础通常由斜撑、平撑、侧板组成。侧板可用短条木板加横向木挡拼成，也可用长条木板加钉竖向木挡拼制。

（1）矩形条形基础模板由两侧侧板和支撑件组成，如图 3-7 所示。其安装程序如下：

①清理基础平面，弹条形基础中心线和边线。

②用定型模板按基础边线放一侧侧板，并临时固定。

③找准标高，用垂直垫木和水平撑将侧板逐段固定，水平支撑间距为 500～800mm。

④放置钢筋后立另一侧侧板。

⑤校正后用木桩、水平撑和斜撑逐段固定。

⑥在侧板内侧弹出条形基础上表面标高线，钉搭头木将侧板固定，搭头木厚 3mm，宽 40mm，长度大于基础宽度 200mm。

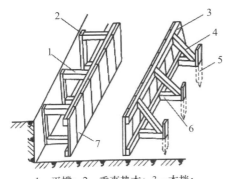

1—平撑；2—垂直垫木；3—木挡；
4—斜撑；5—木桩；6—水平撑；7—侧板

图 3-7　矩形条形基础模板

（2）带地梁条形基础模板的下层基础部分由两侧侧板和支撑件组成，上层地梁部分由侧板、桥杠、斜撑和吊木组成，如图3-8所示。其安装程序为：下层条形基础部分的模板安装同矩形条形基础模板，将地梁侧板分段在平台或地面上同桥杠固定在一起。安装方法是：先在桥杠上根据梁宽和侧板厚度画线，沿线在桥杠上钉挂吊木上端，使吊木基本垂直于桥杠，侧板上边紧贴桥杠钉在桥杠的吊木上。吊木间距按设计尺寸，将一段段钉好的地梁模板放入基槽内，桥杠两端放在铺有垫板的基槽上，并垫上木方，以便调整侧板的标高。调整好地梁的边线和标高，再将侧板与桥杠用斜撑固定，将垫板同基槽固定，桥杠同木楔和垫板固定在一起，防止地梁模板侧板错位。各段地梁模板对接后用木条封闭，防止漏浆。

4）基础模板安装施工要点

（1）安装模板前先复查地基垫层标高和中心线位置，弹出基础边线。基础模板面标高应符合设计要求。

（2）基础下段模板用土模，前提是土质良好，但开挖基坑及基槽尺寸必须准确。

（3）浇捣混凝土时要注意避免模板向上浮升或四面偏移，模板四周混凝土应均衡浇捣。

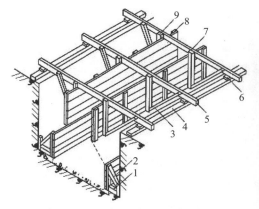

1—水平撑；2—斜撑；3—地梁模板斜撑；
4—垫板；5—桥杠；6—木楔；
7—地梁模板侧板；8—木挡；9—吊木

图3-8　带地梁条形基础模板

2. 柱模板安装

1）矩形柱木模板

矩形柱木模板由四面侧板、背楞、柱箍、支撑构成，如图3-9所示。

工艺流程：弹柱位置线→安装柱模→安装柱箍→安装柱模的拉杆或斜撑→检查验收。

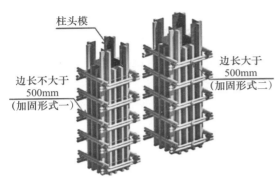

图 3-9 矩形柱木模板

（1）弹柱位置线：放出柱模板安装边线，再根据模板边线，在基础承台或楼面上放出模板（300mm）控制线。

（2）安装柱模：在木工加工区对柱模板进行下料，并按下料的模板块编号，在施工现场由工人按模板编号进行拼装。安装前，先在柱模定位线外圈做 2cm 高水泥砂浆；模板主龙骨由 40mm×90mm 的方木侧面放置，间距为 200mm 一道；为防止漏浆，对超过 1.5mm 的对接缝模板侧面贴海绵条，并在模板内侧面粘宽胶带，模板外侧面用宽度超过 50mm 的木条在拼缝处临时加固，依次安装至梁底下 50mm；模板拼装时，应在柱底部预留 300mm×300mm 的清扫口。

（3）安装柱箍：柱箍间距应根据柱模断面大小经计算确定，柱模下部间距应小些，往上可逐渐加大间距。设置柱箍时，横向侧板外面要设竖向木挡。柱箍一般每 500mm 设置一道，由钢管及螺杆加固，如图 3-9 所示。当柱截面边长大于 500mm 时，中间应设置一道对拉螺栓，用山形卡扣在柱箍的钢管上加固。

（4）安装柱模的拉杆或斜撑：柱模每边设 2 根拉杆，拉杆与地面夹角宜为 45°，如图 3-10 所示。

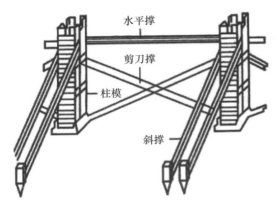

图 3-10 柱模板斜撑

【小贴士】柱顶与梁交接处要留出梁缺口，缺口尺寸即为梁的高和宽（梁高以扣除平板厚度计算），在缺口两侧和缺口底钉上衬口挡，衬口挡离缺口边的距离即为梁侧板和底板的厚度，如图3-11所示。

矩形柱模板的安装可扫描二维码观看视频3-2。

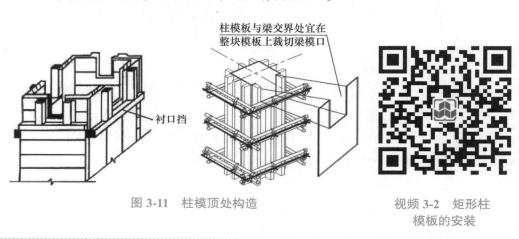

图 3-11　柱模顶处构造　　　　　视频 3-2　矩形柱模板的安装

2）构造柱模板安装

构造柱应遵循"先砌墙、后浇柱"的程序进行。

（1）构造柱马牙槎

构造柱与砌块墙连接处的马牙槎，从每层柱脚开始，先退后进，马牙槎沿高度方向≤300mm，齿深60mm，沿墙高每500mm设2ϕ6拉结钢筋，每边伸入墙内≥1m或伸至洞口边，如图3-12所示。

（2）构造柱模板安装

马牙槎砌好后，应沿构造柱的界面两侧贴双面胶堵缝，双面胶粘贴顺直平整、界面清晰。模板须与墙的两侧严密贴紧、对拉螺栓紧固，防止模板漏浆。填充墙构造柱模板上口应设置喇叭口，安装高度高出梁下口10～20mm，确保喇叭口混凝土浇筑密实。模板底部应留设清理孔，以便清除模板内的杂物，清除后封闭，如图3-13所示。

3. 梁模板安装

梁模板主要由底板、侧板、夹木、托木、梁箍和支撑等组成，如图3-14所示。矩形梁模板的安装可扫描二维码观看视频3-3。

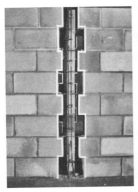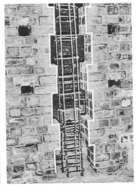

图 3-12　马牙槎

图 3-13　构造柱模板

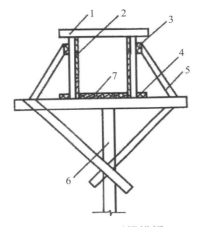

图 3-14　矩形梁模板

1—搭头木；2—侧板；3—托木；4—夹木；

5—斜撑；6—木顶撑；7—底板

视频 3-3　矩形梁模板的安装

1）矩形梁模板

工艺流程：弹梁轴线及水平线→搭设梁模板支架→安装梁底龙骨及梁底模板→安装侧梁模板→复核梁模板尺寸、位置→与相邻模板连固。

（1）弹梁轴线及水平线

在楼地面上弹梁轴线，定出支架位置。在柱体和钢管架上弹出梁的水平控制线，供梁底标高引测、复核用。

（2）搭设梁模板支架

根据计算确定支撑体系，一般支架立杆间距小于 1200mm。先立靠柱模或墙边的立杆，同时按梁模板长度大致等分立杆间距，再立中间部分的立杆，并应在梁底模板支架下的地面上铺垫板。

（3）安装梁底龙骨及梁底模板

梁底龙骨一般为 40mm×90mm 方木，间距为 ≤200mm（即梁底不少于 2 道方木），符合设计要求后，在柱模缺口处钉衬口挡，然后把底板两头搁置在柱模衬口挡上，拉线安装梁底模板并找直，在方木上加固梁底模板。当梁的跨度在 4m 及 4m 以上时，梁底模板应按设计及规范规定的要求起拱，起拱高度为跨度的 1/1000～3/1000。

（4）安装梁侧模板

安放梁侧模板时，两头要钉牢在衬口挡上，同时在侧板底外侧铺上夹木，用夹木将侧板夹紧并钉牢在顶撑木上，随即把斜撑钉牢。

（5）复核梁模板位置及尺寸

复核检查梁模板的定位及尺寸，与相邻梁柱模板连接固定。有楼板模板时，在梁上连接阴角模，与板模拼接固定。拉中线进行检查，核对各梁模板中心位置是否对正。待板模板安装后，检查并调整标高，然后将木楔钉牢在垫板上。各顶撑之间要设水平撑或剪刀撑，以保持顶撑的稳固。

【小贴士】次梁模板的安装，要待主梁模板安装且校正后才能进行。其底板和侧板两头是钉在主梁模板缺口处的衬口挡上。次梁模板的两侧板外侧要根据搁栅底标高钉上托木。

2）圈梁模板

圈梁模板由横担、侧板、夹木、斜撑和搭头木等组成，如图 3-15 所示。

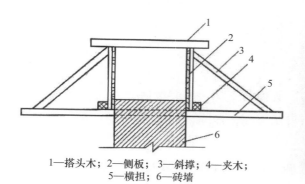

1—搭头木；2—侧板；3—斜撑；4—夹木；
5—横担；6—砖墙

图 3-15 圈梁模板

圈梁安装程序如下：

（1）在梁底一皮砖处的预留洞中穿入木方或者钢管、粗钢筋等做横担，两端露出墙体的长度一致，找平后用木楔将其与墙体固定。

（2）立侧板。侧板底面立在横担上，内侧面紧贴墙壁，调直后用夹木和斜撑将其固定。斜撑上端钉在侧板的木挡上，下端钉在横担上。

（3）在侧板内侧面弹出圈梁上表面高度控制线。

（4）混凝土浇筑前，应将模内墙弄干净，并浇水湿润。

（5）在圈梁的交接处做好模板的搭接。

4. 板模板安装

板模板一般用厚 20～25mm 的木板拼成，或采用定型木模块铺在搁栅上，如图 3-16 所示。搁栅两头支撑在托木上，搁栅一般用断面 50mm×（90～100）mm 的方木，间距为 400～500mm。当搁栅跨度较大时，应在搁栅中间立牵杠撑，并设通长的牵杠，以减小搁栅的跨度。牵杠撑要求和木顶撑一样。板模板应垂直于搁栅方向铺钉。定型模块的规格尺寸要符合搁栅的间距，或适当调整搁栅间距来适应定型模块的规格。板模板的安装程序如下：

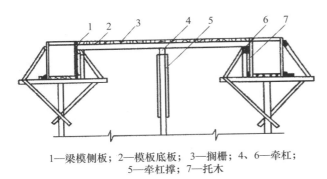

1—梁模侧板；2—模板底板；3—搁栅；4、6—牵杠；
5—牵杠撑；7—托木

图 3-16 板模板

（1）在梁模侧板上钉上牵杠，使牵杠上表面水平，并符合标高要求。在牵杠下面立托木，使牵杠受力经托木传至梁模板下的木顶撑上。

（2）将搁栅均匀分布垂直于牵杠，放在梁模板的牵杠上。

（3）在搁栅下按设计间距立中间牵杠，牵杠撑下垫上垫板，以木楔调整搁栅高度，使搁栅上平面处于同一水平面内。

（4）搁栅高度调好后，将搁栅与牵杠，牵杠撑与牵杠及垫板用钉固定牢固。在牵杠撑之间以及牵杠撑与梁模板木顶撑之间，以水平撑和剪刀撑相互牵搭牢固。

（5）在搁栅上，垂直于搁栅平铺底模板，底模板边缝应平直拼严，板两端及接头处钉钉子，中间尽量少钉钉子，以便于拆模。相邻两块底板接头应错开，板接头应在搁栅上。

（6）放置预埋件和预留洞模板。

（7）模板装完后，清扫干净，以利于下道工序顺利进行。

5. 楼梯模板安装

现浇钢筋混凝土楼梯分为梁式和板式两种结构形式。梁式与板式楼梯的支模方法基本相同。

1）楼梯模板安装程序

楼梯模板安装程序如下：安装平台梁、平台板模板和基础梁模板→安装楼梯斜梁或楼梯底板模板→安装支撑→安装楼梯外帮侧模板→安装踢面侧模板→安装反三角板。

2）楼梯模板安装

双跑板式楼梯包括楼梯段（踏步和梯板）、平台梁、梯基梁和平台板等。平台梁和平台板模板的构造与肋形楼盖模板基本相似。楼梯段模板由底模板、搁栅、牵杠、牵杠撑、外帮侧模板、踢面侧模板、反三角木等组成，如图3-17所示。

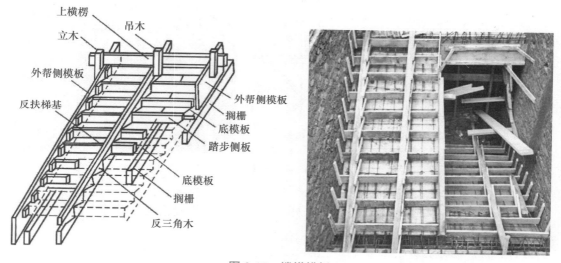

图 3-17　楼梯模板

梯段侧板的宽度至少比踢面高30mm，长度按梯段长度确定。由三角木块钉在木方上叫作反三角木，三角木块两直角边长分别等于踏步的高与宽。每一梯段最少要配一块反三角木，楼梯较宽时可多配。

3）施工要点

（1）楼梯模板施工前，应根据实际层高放样，先安装平台梁和基础模板，再装楼梯底模板，然后安装楼梯外帮侧模板。外帮侧模板需先在其内侧弹出楼梯底板厚度线，用套板画出踏步侧板位置线，沿线将侧板装钉在外帮板上。

（2）如果楼梯较宽，沿踏步中间的上面加一道或两道反扶梯基，反扶梯基上端与平台梁外侧板固定，下端与基础外侧板固定撑牢。

（3）如果先砌墙后安装楼梯板，则靠墙一边应设置一道反扶梯基便于吊装踏步侧板。

（4）梯步高度要均匀一致，特别要注意最下一步与最上一步的高度，必须考虑到楼地面层抹灰厚度，避免由于抹灰层厚度不同而形成梯步高度不协调。

（二）非承重模板的拆除

一般情况下，构件的侧模板是非承重模板。当混凝土强度符合设计要求，或设计无要求但能保证其表面及棱角不因拆除而受损坏时，即可进行非承重模板的拆除施工。

1. 非承重模板的拆除方法

1）准备工具和材料

拆除木模板需要准备的工具和材料有锤子、木工锯、螺丝刀、钳子、撬棍等。

2）拆除步骤

（1）先用螺丝刀拆卸模板支撑的扣件或者螺钉，将支撑先拆除。

（2）用木工锯将模板上的接缝处拼条、木方等木料材料切断，注意安全。

（3）用锤子轻击模板边缘，使其与混凝土分离，也可以使用撬棍开模并取出。

（4）如果模板比较复杂，需要拆卸多个部分，请按照拆卸顺序逐一进行，注意安全。

（5）拆木模时，应随拆随起钉子。

（6）拆卸完成后，应将残留螺钉和其他杂物做好清理。

3）保养和维护

（1）定期对模板表面进行抛光，保持其表面平整、光滑。

（2）在存放模板时，需要避免日晒雨淋，并放置于干燥、通风的地方，以防止模板变形、龟裂、开裂等老化问题。

2. 模板的拆除要求

（1）作业前检查使用的工具是否存在隐患，如：手柄有无松动、断裂等，手持电动工具的漏电保护器应试机检查，合格后方可使用，操作时应戴绝缘手套。

（2）模板拆除必须在混凝土达到规定强度后才能进行，已拆除模板及其支架的结构，应在混凝土强度达到设计强度标准值后，才允许承受全部使用荷载，当承受施工荷载产生的效应比使用荷载更为不利时，必须经过核算，加设临时支撑。

（3）拆除模板时要遵守安全操作规程，做好个人防护。

（4）高处作业时，材料必须码放平稳、整齐。手用工具应放入工具袋内，不得乱扔乱放，扳手应用小绳系在身上，使用的铁钉不得含在嘴中。

（5）安全梯不得缺挡，不得垫高。安全梯上端应绑牢，下端应有防滑措施，人字梯底脚必须拉牢。严禁2名以上作业人员在同一梯上作业。

（6）拆木模板、起模板钉子、码垛作业时，不得穿胶底鞋，着装应紧身利索。

（7）必须按程序作业，确保未拆部分处于稳定、牢固状态。已经拆活动的模板，必须一次连续拆完，方可停歇，严禁留下安全隐患。

（8）严禁使用大面积拉、推的方法拆模板。拆模板时，必须按规定程序拆除撑杆、模板和支架，严禁在模板下方用撬棍撞、撬模板。

（9）拆模板作业时，必须设警戒区，严禁下方有人进入，拆模板作业人员必须站在平稳可靠的地方，保持自身平衡，不得猛撬，以防失稳坠落。

（10）应随时清理拆下的物料，并边拆、边清、边运、边按规格码放整齐。楼层高处拆除的模板严禁向下抛掷。暂停拆模时，必须将活动件支稳后方可离开现场。

（三）扣件式钢管脚手架的安装和拆除

1. 扣件式钢管脚手架的安装

1）脚手架搭设顺序

乡村建设中，由下至上逐步搭设落地式脚手架，高度一般在24m以下，搭设顺序如下：立杆基础夯实和硬化处理→排水沟→放立杆位置线→铺垫板→放底座→摆放纵向扫地杆→逐根竖立杆（随即与纵向扫地杆扣紧）→安放横向扫地杆（与立杆扣紧）→安装第一步大横杆和小横杆→加设临时抛撑（在设置两道连墙杆后可拆除）→设置连墙杆→逐层安装大横杆和小横杆→设剪刀撑→铺脚手板→安装防护栏杆和挡脚板→挂安全网。

2）脚手架安装

脚手架必须配合施工进度搭设，一次搭设高度不应超过连墙件以上两步。每搭完一步脚手架后，应按规范规定检查步距、纵距、横距及立杆的垂直度。

（1）放线和铺垫板

脚手架应按施工方案规定的杆距、排距要求放线定位，作为铺设垫板或安放底座的依据。脚手架搭设范围内的地基要平整夯实，做好排水处理。如地基土质良好，立杆插入底座，在底座下安装垫板；如土质不好，则须加固地基。

铺设垫板或安放底座时，位置必须正确，铺设平稳，不得有悬空、歪斜现象，底座、垫板必须准确地放在定位线上。垫板宜采用长度不少于2跨、宽度不小于200mm、厚度不小于50mm的木垫板，垫板离排水沟距离不小于400mm，如图3-18所示。

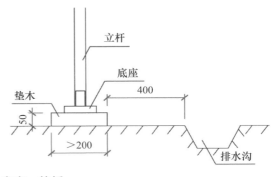

图 3-18 底座、垫板

（2）摆放扫地杆、竖立杆

① 根据脚手架的宽度摆放纵向扫地杆，然后将各立杆底部按规定跨距与纵向扫地杆用直角扣件固定，并随即安装好横向扫地杆。纵向扫地杆应采用直角扣件固定在距底座上皮不大于 200mm 处的立杆上，横向扫地杆应采用直角扣件固定在紧靠纵向扫地杆下方的立杆上，如图 3-19 所示。

② 竖立杆时，应先竖内排立杆，后竖外排立杆；先竖两端立杆，后竖中间立杆。

③ 当脚手架立杆基础不在同一高度上时，如图 3-20 所示，必须将高处的纵向扫地杆向低处延长两跨与立杆固定，高低差应不大于 1m，靠边坡上方的立杆轴线到边坡的距离应不小于 500mm。

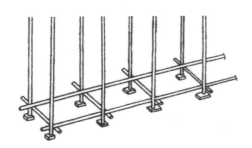

图 3-19 摆放扫地杆、竖立杆

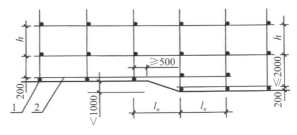

图 3-20 立杆基础不在同一高度时扫地杆构造
1—横向扫地杆；2—纵向扫地杆

④ 双排脚手架底层步距应不大于 2m。

⑤ 在竖立第一步架时，必须有一人负责校正立杆的垂直度和大横杆的水平度，符合要求后按规定的间距绑上临时抛撑。

（3）安装纵向水平杆（大横杆）和横向水平杆（小横杆）

在竖立杆的同时，要及时搭设第一、第二步大横杆和小横杆，以及临时抛撑或连墙杆，以防架子倾倒，具体有以下几方面的要求。

① 大横杆应在立杆的内侧，单根杆长度应不小于 3 跨，用直角扣件与立杆固定。结构脚手架大横杆上下步距不得大于 1.2m，装修脚手架的大横杆步距不得大于 1.8m。

② 大横杆的接头应采用对接接头，相邻接头应错开，接头不宜设置在同步或同跨内。不同步或不同跨两个相邻接头在水平方向错开的距离应不小于500mm；各接头中心至最近主节点的距离应不大于纵距的1/3，如图3-21所示。

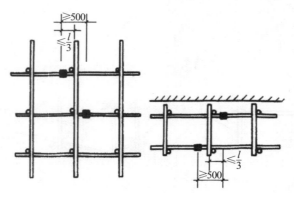

图 3-21　纵向水平杆接头布置

③ 大横杆采用搭接接头时，搭接长度应不小于1m，等间距设置3个旋转扣件固定，端部扣件盖板边缘至搭接大横杆端的距离应不小于100mm，如图3-22所示。

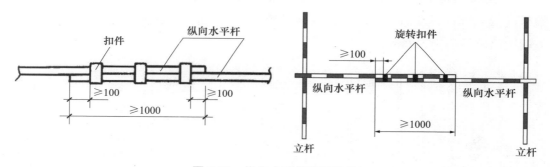

图 3-22　纵向水平杆搭接连接

④ 当使用木脚手板、竹串片脚手板时，大横杆作为小横杆的支座，小横杆两端均应采用直角扣件固定在大横杆上，如图3-23所示。

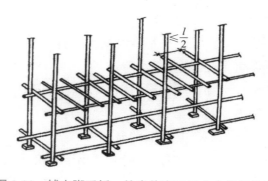

图 3-23　铺木脚手板、竹串片脚手板大小横杆构造

⑤ 当使用竹笆脚手板时，大横杆采用直角扣件固定在横向水平杆上，并等间距设置，间距不大于400mm，如图3-24所示。

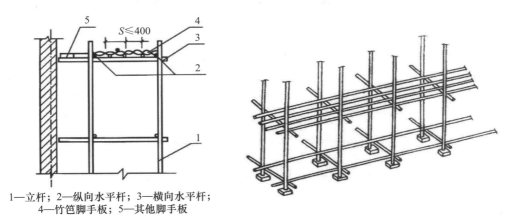

1—立杆；2—纵向水平杆；3—横向水平杆；
4—竹笆脚手板；5—其他脚手板

图3-24　铺竹笆脚手板时纵向水平杆的构造

⑥ 扣件式钢管脚手架的主节点处必须设置小横杆，最大间距不应大于立杆纵距的1/2，小横杆伸出大横杆100mm，如图3-25所示。

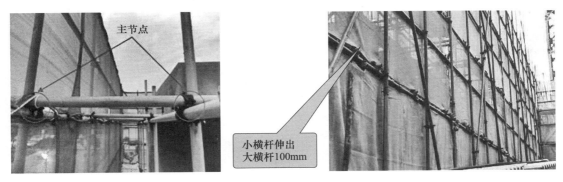

图3-25　横向水平杆布置

（4）设置抛撑

在设置第一道连墙杆之前，除角部外每隔6跨（10～12m）设一根抛撑，直至安装两道连墙杆之后，架体稳定后方可根据具体情况逐步拆除，如图3-26所示。抛撑应采用通长钢管，其上端与脚手架中第二步纵向水平杆用旋转扣件连接，连接点至主节点的距离不大于300mm。抛撑与地面的倾角应为45°～60°。

（5）设置连墙件

当架体搭设至有连墙件的主节点时，在搭设完该处的立杆、大横杆、小横杆后，应立即设置连墙件。

根据工程的需要连墙件有刚性连墙件和柔性连墙件两类。高度24m以下的脚手架，宜用刚性连墙件，亦可用拉筋加顶撑，严禁使用仅有拉筋的柔性连墙件。连墙件应从底层第一步开始设置，每隔三步三跨设一道。砖混结构中的连墙件设置如图 3-27 所示，框架结构中的连墙件设置如图 3-28 所示。

图 3-26　抛撑

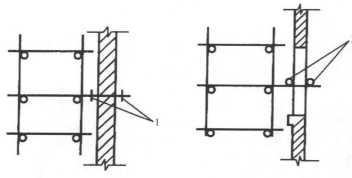

图 3-27　砖混结构连墙件的构造

1，2—连墙件

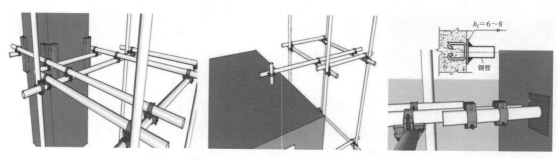

图 3-28　框架结构连墙件的构造

（6）扣件安装

扣件安装如图 3-29 所示，扣件的安装应随脚手架搭设同步进行，不得滞后安装。

（7）连接立杆

脚手架完成第一步架的上述全部工作，经初步检查确认符合相关要求后，将立杆向上接长，使架体向上继续搭设。连接立杆时应符合下列规定：

图 3-29　扣件

① 双排与满堂脚手架立杆接长除顶层顶步外，其余各层各步接头必须采用对接扣件连接。

② 当立杆采用对接接长时，立杆的对接扣件应交错布置，两根相邻立杆的接头不应设置在同步内，且接头的高差不小于 500mm，各接头中心至主节点的距离不宜大于步距的 1/3，如图 3-30（a）所示，同步内隔一根立杆的两个相隔接头在高度方向错开的距离不宜小于 500mm，如图 3-30（b）所示。

③ 当立杆采用搭接接长时，搭接长度应不小于 1m，并应采用不少于 2 个旋转扣件固定，端部扣件盖板的边缘至杆端距离应不小于 100mm，如图 3-31 所示。

④ 为了控制架体的垂直度，必须对立杆的垂直度进行随机检测，可以用经纬仪或吊线与卷尺检测，立杆的垂直度用控制杆顶的水平偏差来保证。

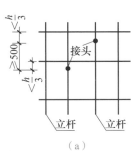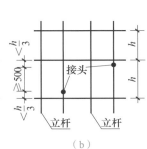

（a）　　　　　　　（b）

图 3-30　立杆对接接头　　　　　图 3-31　立杆搭接接头

（8）设置剪刀撑

剪刀撑应随立杆、大横杆、小横杆的搭设同步搭设。

① 乡村建设脚手架架高一般在 24m 以下，在架体外侧立面的两端、转角设置一道从底到顶连续的剪刀撑，中间每隔 15m 加设一道，如图 3-32 所示。

② 用旋转扣件将剪刀撑斜杆的两端固接在立杆，且扣件中心线与主节点的距离不宜大于 150mm。

③ 底层斜杆的下端必须支承在垫块或垫板上。

④ 剪刀撑的接长宜用搭接，其搭接长度应不小于 1m，至少用三个旋转扣件固

定，端部扣件盖板边缘至杆端的距离不小于 100mm。

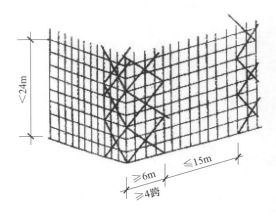

图 3-32　剪刀撑的设置

（9）铺脚手板

作业层的脚手板应铺满、铺稳，必须将脚手板两端用镀锌钢丝与支承杆可靠捆牢，严防倾翻。脚手板边缘与墙面的间隙一般为 120～150mm，与挡脚板的间隙一般不大于 100mm。

① 木脚手板、竹串片板

脚手板应铺设在小横杆上，铺设时可采用对接平铺，亦可采用搭接铺设。

脚手板对接平铺时，应注意：接头处必须设两根横向水平杆，外伸长度应取 130～150mm，两块脚手板外伸长度之和应不大于 300mm，如图 3-33（a）所示。

脚手板搭接铺设时应注意：接头必须支在横向水平杆上，搭接长度应不小于 200mm，伸出横向水平的长度应不小于 100mm，如图 3-33（b）所示。

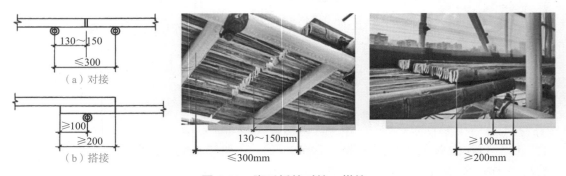

图 3-33　脚手板的对接、搭接

② 竹笆脚手板

铺竹笆脚手板时，应将脚手板的主竹筋垂直于大横杆方向，采用对接平铺时，四个角应用直径 1.2mm 镀锌钢丝固定在纵向水平杆上，如图 3-34 所示。

（10）栏杆和挡脚板的搭设

脚手架的作业面应全封闭防护，重点是作业面的平面和外侧立面的安全防护，确保操作人员的人身安全和防止施工杂物坠落伤人。作业面外侧立面的防护设施可采用以下方法：

① 挡脚板加两道防护栏杆。

② 两道栏杆绑挂高度不小于 1m 的竹笆。

③ 两道栏杆满挂立网。在脚手架中离地（楼）面 2m 以上铺有脚手板的作业层，都必须在脚手架外立杆的内侧设置两道栏杆和挡脚板，其构造如图 3-35 所示，上栏杆的上皮高度为 1.2m，中栏杆高度应居中，挡脚板高度应不小于 180mm。

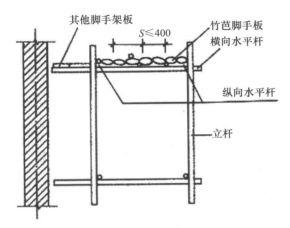

图 3-34　竹笆脚手板铺设

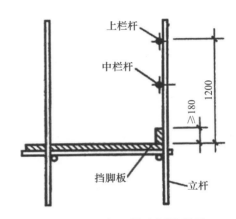

图 3-35　栏杆、挡脚板的设置

（11）安全网搭设

安全网可分为平网和立网两类，如图 3-36 所示。脚手架外侧必须满挂密目式安全立网，立网应与脚手架的立杆、横杆绑扎牢固。作业层脚手板下每隔 10m 必须用水平安全网进行封闭。

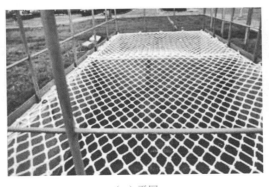

（a）平网

（b）立网

图 3-36　安全网

2. 扣件式钢管脚手架的拆除

1）拆除准备

脚手架拆除拆除前应做好下列准备工作：

（1）当工程施工完成后，必须经工程负责人检查验证，确认脚手架不再需要后，方可拆除。

（2）应全面检查脚手架的扣件连接、连墙件、支撑体系等是否符合构造要求。

（3）拆除前应对施工人员进行安全技术交底。

（4）拆除前应清除脚手架上的材料、工具和杂物，清理地面障碍物。

2）拆除顺序

按"自上而下，先搭后拆，后搭的先拆、逐步拆除"的原则拆除脚手架，严禁上下同时作业，不得采用踏步式或采取分段、分立面拆除。具体拆除顺序如下：安全网→栏杆→挡脚板→脚手板→剪刀撑（只可在拆除层上拆除）→连墙杆→小横杆→大横杆→立杆。

3）拆除要求

（1）脚手架拆除现场应设置安全警戒区域和警告牌，并由专职人员负责监护，严禁非施工作业人员进入拆除作业区内。

（2）参与拆除作业人员必须按安全要求，戴好安全帽、系好安全带、穿好防滑鞋，非专业人员不得上架从事拆除作业。参与拆除作业人员不准酒后操作，操作时要精神集中，不准说笑、打闹或擅自离开工作岗位。

（3）拆除立杆时，先把稳上部，再松开下端的连接，然后取下；拆除大横杆、斜撑、剪刀撑时，应先拆中间扣，然后托住中间，再解端头扣，松开连接后，水平托举取下。

（4）连墙件必须随脚手架逐层拆除，严禁先将连墙件整层或数层拆除后再拆脚手架杆件。

（5）当脚手架拆至下部最后一根立杆高度（约6.5m）时，应在适当位置先搭设临时抛撑加固后，再拆除连墙件。

（6）如部分脚手架需要保留而采取分段、分立面拆除时，对不拆除部分脚手架的两端应按规定设置连墙件和横向斜撑加固。

（7）拆除时严禁撞碰附近电源线，以防事故发生。不能撞碰门窗、玻璃、水落管、房檐瓦片、地下明沟等。

（8）拆卸下来的钢管与各构配件应防止碰撞，严禁抛掷至地面。可采用起重设备吊运或人工传送至地面。

（9）运至地面的钢管与构配件应按规定及时检查、整修与保养，按品种、规格分类存放，以便于运输、维护和保管。

（四）木、竹脚手架的安装和拆除

1. 木脚手架

木脚手架是由许多纵、横木杆，用钢丝绑扎而成，主要有立杆、大横杆、小横杆、斜撑、抛撑、十字撑等，如图3-37所示。

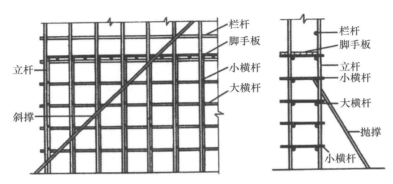

图 3-37　木脚手架构造

目前，木脚手架已很少作为外架使用，但可作为模板的支撑，如图3-38所示。层高超过5m时，不允许用木支撑，要用钢管或钢桁架支撑。

图 3-38　木支撑

2. 竹脚手架的安装

1）竹脚手架的构造

选用生长期三年以上的毛竹或楠竹的竹材为主要杆件，采用竹篾、钢丝、塑料篾绑扎而成的脚手架，称为竹脚手架。竹脚手架的构造按照纵、横向水平杆的位置不同可分为横向水平杆在下及纵向水平杆在下两种形式，如图3-39、图3-40所示。

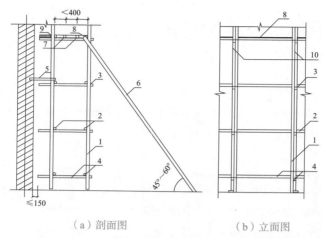

（a）剖面图　　　　　（b）立面图

图 3-39　竹脚手架构造图（横向水平杆在下时）

1—立杆；2—纵向水平杆；3—横向水平杆；4—扫地杆；5—连墙件；6—抛撑；
7—搁栅；8—竹笆脚手板；9—竹串片脚手板；10—顶撑

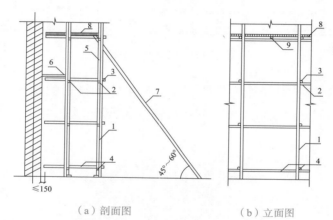

（a）剖面图　　　　　（b）立面图

图 3-40　竹脚手架构造图（纵向水平杆在下时）

1—立杆；2—纵向水平杆；3—横向水平杆；4—扫地杆；5—顶撑；6—连墙件；
7—抛撑；8—竹串片脚手板；9—搁栅

2）竹脚手架的安装

（1）搭设顺序

双排竹脚手架的搭设顺序如下：确定立杆位置→挖立杆坑→竖立杆→绑大横杆→绑顶撑→绑小横杆→铺脚手板→绑栏杆→绑抛撑、斜撑、剪刀撑等→设置连墙点→搭设安全网。

（2）搭设要点

① 挖立杆坑。立杆坑深 300～500mm，坑口直径较立杆的直径大 100mm，坑口的自然土尽量少破坏，以便将立杆正确就位，挤紧埋牢。如果脚手架基础平整、夯实并做硬化处理，可不用挖立杆坑，铺设垫板，立杆支承在垫板上。

② 竖立杆。先竖端头的立杆，再立中间立杆，依次竖立完毕。立杆如有弯曲，

应将弯曲顺向纵向方向，既不能朝向墙面也不能背向墙面。

a. 立杆的接长应采用平扣绑扎，搭接长度不得小于 1.5m，绑扎不少于五道绑扣，相邻立杆的接头应上下错开一个步距。

b. 杆件的绑扎可以采用直交或斜交的绑扎方法，每道绑扣必须用双篾缠绕 4～6 圈，每缠绕两圈应收紧一次，端头拧成辫结，插入杆件相交处的缝隙中，并用力拉紧。使用的竹篾必须一黄一青两根并在一起绑扎，如图 3-41 所示。

c. 三根杆件相交的地点，应先绑扎好两根，再绑扎第三根，不允许将三根杆一起绑扎。否则绑不紧，影响架子的稳定。

d. 立杆的垂直偏差。脚手架顶端向内倾斜不得大于架高的 1/250，且不大于100mm，不得向外倾斜。立杆旁可加绑小顶撑顶住小横杆，如图 3-42 所示。

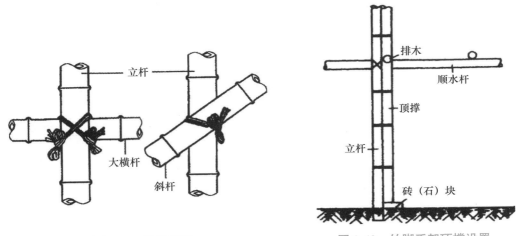

图 3-41　竹篾绑法　　　　　　图 3-42　竹脚手架顶撑设置

③ 大横杆。大横杆绑扎在立杆的内侧，沿纵向水平布设，其接长以及接头位置的错开。同一排大横杆的水平偏差不得大于脚手架总长度的 1/300，并且不大于 200mm。

④ 小横杆。小横杆垂直于墙面，采用横向支承的脚手板，小横杆应置于大横杆之下；采用纵向支承的脚手板，小横杆位于大横杆之上。操作层的小横杆应加密，砌筑脚手架间距不大于 0.5m；装饰脚手架间距不大于 0.75m。

⑤ 斜撑、抛撑和剪刀撑。架子搭到三步架高，暂时不能设连墙点时，应每隔5～7 根立杆设抛撑一道，抛撑底埋入土中应不少于 0.5m。

脚手架纵向长度小于 15m 或架高小于 10m 时，可设置斜撑，上下连续呈"之"字形设置。

脚手架纵向长度超过 15m 或架高大于 10m 时，应设置剪刀撑，一般设在脚手架的端头、转角和中间（每隔 10m 净距设一道），剪刀撑的最大跨度不得超过 4 倍的立杆纵距。

⑥ 连墙点。连墙点设置在立杆与横杆交点附近，呈梅花状交替排列，将脚手架与结构连成整体。连墙点应既能承受拉力又能承受压力。

两排连墙点的垂直距离为 2~3 步架高，水平距离不大于 3 倍的立杆间距，转角两排立杆和顶排架必须设置连墙点。连墙点的构造如图 3-43 所示。

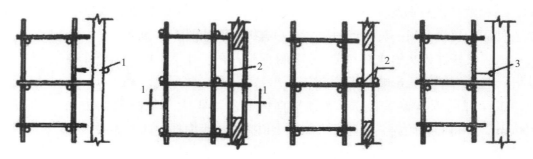

图 3-43 连墙点的构造

1—镀锌钢丝和短竹杆；2—两根竹杆；3—镀锌钢丝和钢筋环

⑦ 搁栅。搁栅设在小横杆上方，间距不大于 0.25m，搭接处的竹杆应头搭头，梢搭梢，搭接端应在小横杆上，伸出 200~300mm。

⑧ 脚手板、护栏和挡脚板。操作层的脚手板应满铺在搁栅、小横杆上，用钢丝与搁栅绑牢。搭接必须在小横杆处，脚手板伸出小横杆长度为 100~150mm，靠墙面一侧的脚手板离开墙面 120~150mm。

脚手架搭到三步架高时，操作层必须设防护栏杆和挡脚板，护栏高 1.2m，挡脚板高不小于 0.18m。

3. 竹脚手架的拆除

1）拆除顺序

拆除竹脚手架的原则是：先绑扎的后拆除，后绑扎的先拆除。

拆除的顺序是：拆除顶部立挂的安全网→拆除护身栏杆→拆除挡脚板→拆除脚手板→拆除小横杆→拆除剪刀撑→拆除连墙杆→拆除大横杆→拆除立杆→拆除斜杆。

2）拆除要求

（1）架子使用完毕后，由专业架子工拆除脚手架。

（2）拆除区域应设警戒标志，派专人指挥，严禁非作业人员进入警戒区域。

（3）拆除的杆件应用滑轮或绳索自上而下运送，不得从架子上直接向下随意抛落杆件。

（4）参加拆除工作的人员必须按照安全操作规程的要求做好各项安全防护工作，方可上脚手架作业。

（5）特殊搭设的脚手架，应单独制定拆除方案并对拆除人员作技术交底，以保证拆除工作安全顺利进行。

【小贴士】拆除时至少4人互相配合工作，解扣和落杆时必须思想集中，上下呼应，互相配合，以免发生安全事故。各种杆件的拆除应注意以下事项：立杆应先饯住，再解开最后两个绑扎扣；大横杆、剪刀撑、斜撑：先拆中间绑扎扣，托住中间，再解开两头的绑扎扣；抛撑：应先用临时支撑加固后，才允许拆除抛撑；剪刀撑、斜撑以及连墙点：只允许分层依次拆除，不得一次全面拆除。

第四章 质量检查

第一节 质量检查

【小贴士】脚手架的质量检查一般在以下阶段进行：（1）架体基础完工后，架体搭设前；（2）作业面上施加荷载前；（3）每搭设完6~8m高度后；（4）达到设计高度后；（5）遇有六级及以上风或大雨后，冻结地区解冻后；（6）停用超过一个月；（7）拆除前。

（一）扣件式钢管脚手架的检查

1. 地基与基础检查

检查脚手架搭设场地内杂物是否清除；检查脚手架地基与基础是否夯实，是否硬化，是否平整，是否有积水，是否做好排水措施。如果不满足要求，需要进行整改。

2. 垫板和扫地杆检查

检查立杆下是否设垫板或底座，垫板是否符合要求；检查是否设置纵、横向扫地杆，扫地杆的位置以及连接固定是否符合要求。

垫板规格是：宽度大于200mm、厚度大于50mm、长度不宜小于2跨，每根立杆必须摆放在垫板中间部位。

扫地杆必须与立杆连接。纵向扫地杆应采用直角扣件固定在距底座上皮不大于200mm处的立杆上，横向扫地杆宜采用直角扣件固定在紧靠纵向扫地杆下方的立杆上。

3. 立杆间距检查

检查立杆间距是否按照脚手架施工方案搭设，是否满足规范要求。检查立杆间距的常用工具为钢卷尺，如图 4-1 所示。

图 4-1 立杆间距检查

乡村房屋建设搭设脚手架时，立杆纵距应不大于 2m，一般为 1.5～1.8m，允许误差为 ±50mm。外脚手架立杆横距一般不大于 1.3m，支撑架立杆横距一般不大于 1.8m，允许误差为 ±20mm。

4. 水平杆步距检查

检查水平杆步距是否按照脚手架施工方案搭设，是否满足规范要求。检查水平杆步距的常用工具为钢卷尺。

乡村房屋建设搭设脚手架时，双排外脚手架底层步距应不大于 2m，其他步距一般为 1.2～1.35m，装修脚手架步距不大于 1.8m；支撑架步距一般不大于 1.8m。水平杆步距允许误差为 ±20mm。

5. 连墙件的检查

检查连墙件设置是否符合要求。乡村建设脚手架的搭设高度应小于 24m，须 3 步 3 跨设置连墙件；连墙件应从脚手架体底层第一步纵向水平杆处开始设置；连墙件应宜靠近主节点设置，偏离主节点的距离不应大于 300mm；连墙件宜优先采用菱形布置，也可采用方形、矩形布置；脚手架的两端必须设置连墙件，连墙件的垂直间距不应大于建筑物的层高，并不应大于 4m（两步）。

6. 剪刀撑的检查

检查剪刀撑设置是否符合要求。高度在 24m 以下的双排脚手架必须在外侧两端、转角及中间间隔不超过 15m 的立面上，各设计一道剪刀撑，并应由底到顶连续设置；

剪刀撑斜杆应用旋转扣件固定在与之相交的横向水平杆的伸出端或立杆上，旋转扣件中心线至主节点的距离不宜大于 150mm。

7. 脚手板和架体安全防护的检查

检查脚手板是否铺满，是否固定；接头是否符合要求；脚手板材质是否符合要求；是否有探头板。

检查脚手架外侧是否设置密目式安全网，网间是否严密，绑扎固定是否可靠；施工层是否设置 1.2m 高防护栏杆和挡脚板。

（二）木竹脚手架的检查

1. 立杆间距检查

检查立杆间距是否按照脚手架施工方案搭设，是否满足规范要求。检查立杆间距的常用工具为钢卷尺。木脚手架立杆纵距不大于 1.5m，立杆横距不大于 1.2m；竹脚手架立杆纵距不大于 1.8m，立杆横距不大于 1.2m。

2. 水平杆步距检查

检查水平杆步距是否按照脚手架施工方案搭设，是否满足规范要求。检查水平杆步距的常用工具为钢卷尺。双排脚手架步距应不大于 1.8m，1.2～1.5m 为宜。

（三）模板安装垂直度、平整度的检查

1. 模板垂直度检查

检查工具：锤球、钢卷尺。

检查方法：柱模板的垂直度用锤球、钢卷尺进行测量。检查时，用钢筋或木方把锤球挑出，使锤球自然下垂至楼地面以上 10～20mm，如图 4-2 所示；用卷尺量取模板上口、中间及下口至垂线的距离，距离相等则模板垂直，距离不相等则模板不垂直，则需用斜撑调整模板垂直度。另外，还应检查模板的刚度是否满足要求，以保证浇筑混凝土时模板不位移、不倾斜变形。

允许偏差≤6mm，如偏差＞6mm，则该构件模板安装视为不合格。

模板垂直度检查可扫描二维码观看视频 4-1。

图 4-2　垂直度检查

视频 4-1　垂直度检查操作视频

【小贴士】制作模板垂直度检测尺。制作材料：多层板、线绳、线坠、红色胶带纸、钉子。具体做法是将多层板切割出 4cm 宽的木条三块，长分别为 183cm、26cm、26cm，然后把两个 26cm 长的木条垂直固定在 183cm 的木条的上下两端，在下端 26cm 木条的 200mm 处贴 16mm 宽的红色胶带，如图 4-3 所示。

根据《混凝土结构工程施工质量验收规范》GB 50204—2015 对模板验收垂直度的要求为 8mm 之内，因此粘贴 16mm 宽的胶带在木条下端 200mm 处，左右各占 8mm，同时在上端 200mm 处将线坠一端固定，这样由于重力作用，便可测出是否合格，线绳不在胶带内即不合格，反之合格（如果要读出偏差读数，可以将胶带换为 16mm 宽的刻度盘）。

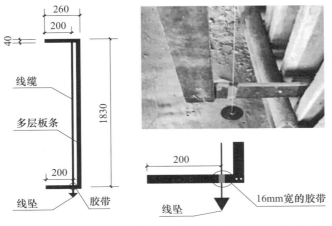

图 4-3　主体施工模板垂直度检测尺及其应用

2. 模板平整度检查

检查工具：靠尺、塞尺。

检查方法：把靠尺放置在被测面上，将塞尺放入靠尺与被测面间的缝隙中进行测量，测出缝隙最大处的数据，如图 4-4 所示。

允许偏差 ≤ 5mm，如偏差 >5mm，则该构件模板安装视为不合格。

图 4-4　平整度检查

第二节　质量问题处理

（一）扣件式钢管脚手架的整改

1. 立杆间距整改

（1）立杆间距若不符合要求，必须严格按照规定整改，做到逐跨检查、逐跨整改。

（2）对间距过大的部位可采取增设立杆的措施进行整改。

（3）新增立杆在搭设前，必须先在地面上定位，底部按规定要求设置垫板。

（4）新增立杆主节点处也相应增设小横杆。

（5）新增立杆必须从首层至顶层全高贯通，立杆与大小横杆、剪刀撑交点处全部用扣件扣紧。

（6）转角立杆缺失的部位，按脚手架架体的全高补设，确保阴、阳角部位立杆和水平杆纵横向相互连接，相互成为"井"字状。

如果立杆间距不符合要求，增设立杆施工困难时，也可以拆除架子，重新按规范要求搭设。

2. 水平杆步距整改

水平杆步距过大，会使整个脚手架的稳定性变差，容易出现立杆被压弯失稳等情况。

（1）水平杆步距若不符合要求，必须严格按照规定整改，做到逐步检查、逐步整改。

（2）对间距过大的部位可采取增设一道水平杆的措施进行整改。

（3）增设水平杆时，纵横两个方向都需增设，不允许只一个方向增设。

（4）增设的水平杆要用直角扣件固定。

如果水平杆步距不符合要求，增设水平杆施工困难时，也可以拆除架子，重新按规范要求搭设。

（二）木竹脚手架的整改

木竹脚手架的整改措施与扣件式钢管脚手架的整改措施类似。

1. 立杆间距整改

（1）立杆间距若不符合要求，必须严格按照规定整改，做到逐跨检查、逐跨整改。

（2）对间距过大的部位可采取增设立杆的措施进行整改。

（3）新增立杆在搭设前，必须先在地面上定位，底部按规定要求设置垫板。

（4）新增立杆主节点处也相应增设小横杆。

（5）新增立杆必须从首层至顶层全高贯通，立杆与大小横杆、剪刀撑交点处全部用竹篾、钢丝或塑料篾绑扎牢固。

如果立杆间距不符合要求，增设立杆施工困难时，也可以拆除架子，重新按规范要求搭设。

2. 水平杆步距整改

水平杆步距过大，会使整个脚手架的稳定性变差，容易出现立杆被压弯失稳等情况。

（1）水平杆步距若不符合要求，必须严格按照规定整改，做到逐步检查、逐步整改。

（2）对间距过大的部位可采取增设一道水平杆的措施进行整改。

（3）增设水平杆时，纵横两个方向都需增设，不允许只一个方向增设。

（4）增设的水平杆要用竹篾、钢丝或塑料篾绑扎牢固。

如果水平杆步距不符合要求，增设水平杆施工困难时，也可以拆除架子，重新按规范要求搭设。

（三）模板安装垂直度、平整度问题的整改

为保证工程质量，在混凝土浇筑前，应对模板施工质量进行检查，若出现问题要及时调整。

1. 模板垂直度问题整改

在建筑施工中，柱模板的垂直度若出现问题，必须进行整改，否则会造成混凝土浇筑后，柱子垂直度不符合要求。整改方法如下：

（1）重新检查模板：首先使用激光水平仪或者锤球重新测量柱子模板的垂直度，准确判定哪些柱子模板需要整改，并做标记。

（2）调整支撑：柱模板设有斜向支撑，如果模板不垂直，最简单的方法就是调整支撑。若采用工具式斜撑，可转动螺钉直接调整支撑的长度，通过拉、顶使模板垂直。若是钢管或木斜撑，可调换斜撑的长度、角度和支撑点，通过拉、顶把模板调垂直。如图 4-5 所示，如果模板向左倾斜，可以把左侧支撑调长，右侧支撑调短，通过左顶右拉将模板垂直度校正。

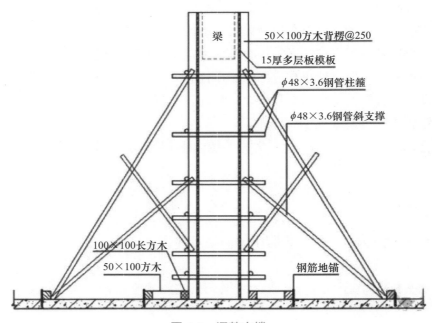

图 4-5　调整支撑

2. 模板平整度问题整改

（1）修整表面：对于模板轻微的不平整，可以通过修整表面来解决，可以通过使

用刨子、砂纸、砂轮或其他磨削工具来进行，确保在修整过程中均匀地处理整个表面，以获得平滑一致的效果。

（2）填补材料：如果不平整较深或较大，可以考虑使用填补材料填补表面缺陷。填补材料可以是填缝剂或其他适合的材料。填补后，确保表面平整并与周围模板相匹配。

（3）调整支撑：有时不平整可能是由于模板底部支撑不平稳或不均匀导致的。在这种情况下，可以调整模板的支撑，确保模板安装在平稳的基础上，从而使表面更加均匀。

（4）重新安装模板：如果不平整是由于模板安装不当导致的，可以尝试重新安装模板并确保安装正确。这可能需要调整模板的位置或使用更稳固的支撑来确保模板安装平整。

（5）更换模板：如果不平整问题严重，且无法通过修正或填补解决，可能需要考虑重新更换模板。

木工（初级）

木工（中级）

第五章　施工准备

第六章　测量放线

第七章　工程施工

第八章　质量检查

木工（高级）

第一节　作业条件准备

（一）安全防护棚的搭设

在建筑施工中常搭设安全防护棚来保护施工人员和设备免受外界环境的影响。

1. 搭设前的准备

（1）搭设防护棚所用的材料有钢管、扣件、竹笆片及绿色密目式安全网、模板等，如图 5-1 所示。钢管质量应符合现行国家标准《直缝电焊钢管》GB/T 13793—2016 规定，直径 48.3mm，壁厚 3.6mm，杆长 2300～6500mm，扣件采用可锻铸铁扣件，其材质符合现行国家标准《钢管脚手架扣件》GB/T 15831—2023 的要求。

（a）钢管　　　　　　　　　（b）扣件　　　　　　　　　（c）竹笆板

（d）密目安全网　　　　　　　　　（e）模板

图 5-1　搭设防护棚所用材料

（2）乡村建设工匠应将防护棚搭设的技术要求、安全措施向其他搭设人员进行技术交底。

（3）按要求对钢管、扣件、竹笆片、密目式安全网等进行检查，不合格的构配件不得使用，经检查合格的构配件应按品种、规格分类，堆放整齐。

（4）搭设现场清除地面杂物，平整搭设场地，硬化地坪，设立警戒标志。

2. 安全防护棚的搭设

安全防护棚的搭设高度不应小于 3m，搭设宽度和长度应根据施工场地状况和需求确定。常采用钢管扣件式防护棚，上盖竹笆或木质板，一般采用双层设计，两层间距 700mm；当选择单层搭设时，必须上盖木质板，厚度应不少于 50mm。防护棚的长度和宽度需根据建筑高度和可能的坠落半径来决定，以确保全方位的保护。某工程安全防护棚的搭设构造如图 5-2 所示。

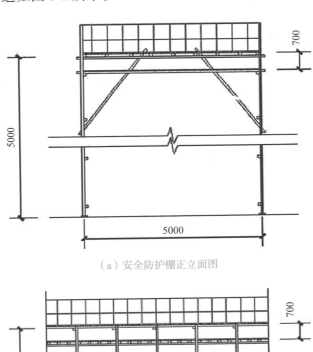

（a）安全防护棚正立面图

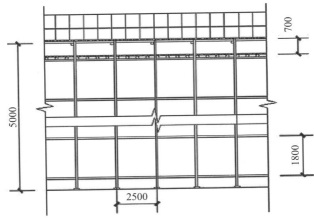

（b）安全防护棚侧立面图

图 5-2 安全防护棚正、侧立面图

1）防护棚的基础

（1）防护棚基础采用 C25 细石混凝土，厚度为 100mm，立杆置于混凝土面层上。

（2）防护棚基础四周设置排水沟，尺寸为 300mm×300mm。

2）立杆的搭设

（1）立杆应准确地放在定位线上。步距、纵距等应按立面图 5-2（a）、图 5-2（b）布置。

（2）防护棚立杆底脚必须设置纵向扫地杆。纵向扫地杆采用直角扣件固定在距底座上皮不大于 200mm 处的立杆上。

（3）开始搭立杆时，应每隔 6～9m 设置一根临时抛撑，在搭设完该处的立杆、纵向水平杆、横向水平杆后，可根据情况拆除。

（4）相邻立杆的对接扣件不得在同一高度内，错开布置，错开的距离不得小于 500mm。各接头中心至主节点的距离不得大于步距的 1/3。

（5）立杆顶端宜高出防护棚顶层，必要时可采用搭接接长立杆。

3）纵向水平杆的搭设

（1）纵向水平杆设置在立杆内侧，其长度不宜小于 2 跨，间距为 2.5m。

（2）纵向水平杆接长采用对接扣件连接，对接扣件应交错布置，两根相邻纵向水平杆的接头不得在同步或在同跨内，不同步或不同跨两个相邻接头在水平面错开的距离不应小于 500mm，各接头中心至最近主节点的距离不宜大于纵距的 1/3。

（3）纵向水平杆应贯通交圈，用直角扣件与内外角部立杆固定。

4）纵向斜撑的搭设

沿防护棚外侧纵向方向每隔 6m 设一道纵向斜撑，与地面成 45°～60°。斜撑杆接长采用两只旋转扣件，搭接接长，两扣件之间有效搭接长度不小于 1m（交叉接头不宜在立杆处）。扣件盖板边缘至杆端距离不得小于 100mm。斜撑杆件与立杆相交处用旋转扣件连接。

5）防护棚顶临边围挡的搭设

防护棚顶面的两侧边缘设防护栏板，围挡栏板高不小于 900mm。外立面满挂绿色密目式安全网，内侧为竹笆，16 号钢丝固定。

6）防护隔离板的搭设

防护隔离为竹笆或木质板，在上下层搁栅杆杆面上分别各铺一层，双层棚顶间距一般为 700mm。

7）防护棚的防雷接地

防护棚应有防雷接地措施，常采用单独埋设接地防雷法。具体方法为在防护棚角部处将 $\phi 48$、3×3.6mm、$L = 1500$mm 的钢管埋入地下，再用 BV-10mm^2 接地线引出与防护棚连接，接地电阻应小于 4Ω。

3. 安全防护棚的拆除

（1）拆除前，应对防护棚整体进行检查，如防护棚存在严重安全隐患或损坏，应立即进行整改和加固，以保证防护棚在拆除过程中不发生坍塌危险。

（2）对参与防护棚拆除的工匠进行交底，交底内容应包括拆除时间、拆除顺序、拆除方法、拆除的安全措施和警戒区域。

（3）拆除现场必须设警戒区域，张挂醒目的警戒标志。警戒区域内严禁非操作人员通行或在防护棚下方继续组织施工。

（4）拆除防护棚应由上而下，一步一清地进行拆除。纵向斜撑的拆除，应先拆中间扣件，再拆两端扣件。

（5）如遇强风、雨、雪等特殊气候，不得进行防护棚的拆除。夜间实施拆除作业，应具备良好的照明设备。

4. 安全防护棚搭设方案的编写

安全防护棚搭设方案的内容包括：

（1）工程概况，主要编写工程建设概况，如工程名称、建设地点、安全防护棚的分部情况等。

（2）编制依据，主要编写所依据的现行规范标准等，如《建筑施工扣件式钢管脚手架安全技术规范》JGJ 130—2011、《建筑施工高处作业安全技术规范》JGJ 80—2016、《建筑施工安全检查标准》JGJ 59—2011 等。

（3）搭设的技术要求，主要编写对搭设中的材料、地基基础、杆件等构造要求。

（4）搭设工艺，主要编写搭设施工工艺和要点。

（5）搭设质量控制，主要编写防护棚步距、纵距的质量检查，搭设杆件的垂直偏差等要求。

（6）护棚搭设施工安全措施。

（7）防护棚拆除安全注意事项。

（二）钢管扣件或木竹外脚手架的搭设

本内容详见初级工，第四章　第二节现场施工（三）、（四）。

（三）施工现场作业条件的清理准备

1. 基础阶段作业条件的清理准备

基础阶段施工现场作业条件基本情况如图 5-3 所示。现场作业条件的清理准备主要包括以下工作：

（1）检查施工区域内存在的各种障碍物，如建筑物、道路、管线、树木等，凡影响施工的均应拆除、清理或转移，并在施工前妥善处理，确保施工安全。

（2）施工机械进入施工现场所经过的道路、桥梁等，应事先做好检查和必要的加宽、加固工作。

（3）夜间施工时，应合理安排施工项目，落实安全文明施工措施。施工现场应根据需要安装照明设施，在危险地段应规范设置安全护栏和警示灯等。

（4）施工前先了解工程地质勘察资料、地形、地貌等情况，并制定相应的安全技术措施。

（5）基坑边1.5m范围内不要堆放材料、机具等，防止滑坡。基坑内施工人员要注意边坡的稳定情况，如发现问题应及时采取措施。

2. 主体阶段作业条件的清理准备

主体阶段施工现场作业条件基本情况如图5-4所示。现场作业条件的清理准备主要包括以下工作：

（1）施工人员要按照每天的作业计划准备设备和材料。

（2）设备和材料在现场一定要码放整齐，切忌横七竖八、乱堆乱放。

（3）工具和材料、废料不要放在影响施工或给他人带来危险的地方。

（4）现场使用的链条葫芦、千斤顶等工器具，不用时要挂放和摆放整齐。

（5）设备安装和材料加工要在指定的地点进行，废料要及时清理运走。

（6）木板上、墙面上凸出的钉子、螺栓要及时拔除和清理，以免给自己和他人带来危害。

（7）现场加工棚、工具室要保持整洁与卫生。

（8）工序交接的作业面，要进行彻底的清理，打扫干净，检验合格后方可进入下道工序施工。

图5-3　常见基础阶段施工现场

图5-4　常见主体阶段施工现场

（9）注意保护施工成品和施工设备，防止二次污染和设备损伤。

（10）作业面做到工完场清，整个现场做到一日一清、一日一净。

3. 装修阶段作业条件的清理准备

（1）装修工程开始前，应对埋设水电管线的槽或洞进行填堵，并清理干净，对房屋进行全面清洁，包括清除灰尘、污垢和杂物等，确保施工环境干净整洁。

（2）装修过程中，应每天对施工现场进行清洁，包括清理垃圾、尘土等废弃物，在抹灰和涂刷涂料时，应采取措施保护地面，避免涂料、砂浆等物质溅到地面，若有溅出，应及时清理干净，避免干燥后难以清除。

（3）装修工程完成后，应清除施工现场残留的涂料、灰尘和杂物等，确保内部和外部的整洁。此外，应对施工现场的垃圾进行分类处理，可回收垃圾应妥善存放或出售，不可回收垃圾应及时清运出施工现场。

（四）消火栓、消防水带的使用

1. 消火栓的使用

消火栓分为室内消火栓和室外消火栓，如图 5-5、图 5-6 所示。

图 5-5　室内消火栓　　　　图 5-6　室外消火栓

1）室内消火栓的使用

室内消火栓通常设置在室内消火栓箱内，包括箱体、消火栓、消防接口、水带、水枪、消防软管卷盘及电器设备等全套消防器材。室内消火栓栓口距离地面的高度宜为 1.1m，如图 5-7 所示。

室内消火栓的具体使用步骤和方法如下：

（1）首先打开消火栓箱门，紧急时可将玻璃门击碎，用手按里面的火警按钮，这个按钮用来报警和启动消防泵，如图 5-8 所示。

（2）取出水枪，拉出水带，将水带接口一端与消火栓接口连接，另一端与水枪连接，如图 5-9 所示。

图 5-7　室内消火栓箱

图 5-8　打开消火栓箱门

（a）水带与消火栓的连接

（b）水带与水枪的连接

图 5-9　水带与消火栓、水枪的连接

（3）在地面上拉直水带，将消火栓阀门打开，如图 5-10 所示，同时双手紧握水枪，对准火源根部喷水灭火，如图 5-11 所示。注意电器起火，要确定已经切断电源。

图 5-10　打开阀门

图 5-11　灭火

（4）灭火完毕后，关闭室内栓阀门，将水带冲洗干净，置于阴凉干燥处晾干后，按原水带安置方式置于栓箱内。将已破碎的控制按钮玻璃清理干净，换上同等规格的玻璃片。检查栓箱内所配置的消防器材是否齐全、完好，如有损坏应及时修复或配齐。

（5）室内消火栓的检查、维护

① 检查室内消火栓、水枪、水带、消防水喉是否齐全完好，有无生锈、漏水，接口垫圈是否完整无缺，并进行放水检查，检查后及时擦干，在消火栓阀杆上加润滑油。

② 检查消防水泵在火警后能否正常供水。

③ 检查报警按钮、指示灯及报警控制线路功能是否正常、无故障。

④ 检查消火栓箱及箱内配装有消防部件的外观有无损坏，涂层是否脱落，箱门玻璃是否完好无缺。

⑤ 对室内消火栓的维护，应做到各组成设备保持清洁、干燥，防锈蚀或无损坏。为防止生锈，消火栓手轮丝杠处等转动部位应经常加注润滑油。设备如有损坏，应及时修复或更换。

⑥ 日常检查时如发现室内消火栓四周放置影响消火栓使用的物品，应进行清除。

2）室外消火栓的使用

室外消火栓的具体使用步骤和方法如下：

（1）将消防水带铺开，如图5-12所示。

（2）将水枪与水带快速连接，如图5-13所示。

图5-12　铺开消防水带

图5-13　水枪与水带连接

（3）连接水带与室外消火栓，如图5-14所示。

（4）连接完毕后，用室外消火栓专用扳手逆时针旋转，把螺杆旋到最大位置，打开消火栓，如图5-15所示。

（5）双手紧握水枪，对准火源根部喷水灭火，如图5-16所示。

室外消火栓使用完毕后，需打开排水阀，将消火栓内的积水排出，以免结冰将消火栓损坏。室外消火栓的使用操作可扫描二维码观看视频5-1。

图 5-14　水带与室外消火栓连接

图 5-15　打开消火栓

图 5-16　室外消火栓灭火

视频 5-1　室外消火栓的
使用操作

2. 消防水带的使用

消防水带的使用方法和步骤如下：

（1）操作时右手食指握紧水带的两个接口，如图 5-17 所示。

（2）食指扣住水带左侧，中指、无名指、小指合并扣住水带右侧，如图 5-18 所示。

（3）左手拿枪头，右手提水带，呈跨步姿势，使用巧劲把水带甩出去，注意水带不能折叠，如图 5-19 所示。

（4）右手食指紧握的两个水带接口不要甩出去，如图 5-20 所示。

（5）消防水带使用时应注意以下事项：

① 连接消防水带时，需要将水带接口与消火栓或消防水泵进行连接，确保连接牢固，不会漏水。

② 使用消防水带时，应将其铺设在地面上，避免尖锐物体和各种油类，以免损坏水带。

③ 使用消防水带时，应将耐高压的水带接在离水泵较近的地方，充水后的水带应防止扭转或骤然折弯，同时应防止水带接口碰撞损坏。

④ 严冬季节，在火场上需暂停供水时，为防止消防水带结冰，水泵须慢速运转，保持较小的出水量。

图 5-17　消防水带使用（1）

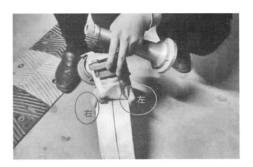

图 5-18　消防水带使用（2）

图 5-19　消防水带使用（3）

图 5-20　消防水带使用（4）

⑤ 使用完毕后，需要将消防水带清洗干净。对输送泡沫的水带，必须细致地洗刷，保护胶层。为了清除水带上的油脂，可用温水或肥皂洗刷。对冻结的水带，首先要使之融化，然后清洗晾干，没有晾干的水带不应收卷存放。

【小贴士】消防水带的型号规格由设计工作压力、公称内径、长度、编织层经／纬线材质、衬里材质和外覆材料材质组成。如图 5-21 所示，该消防水带的设计工作压力为 2.0MPa，公称内径为 65mm，长度为 20m，编织层经线材质为涤纶长丝，纬线材质为涤纶长丝，衬里材质为聚氨酯，其型号表示为：20-65-20 涤纶长丝·涤纶长丝·聚氨酯。

图 5-21　消防水带型号示例

第二节 材料准备

（一）建筑材料在施工现场位置的设置

施工现场材料位置应根据现场的具体情况设置，既要保证使用方便，又要保证现场的整洁；既要保证使用安全，又要保证材料在使用过程中的质量和"先进先用"，如图 5-22 所示。

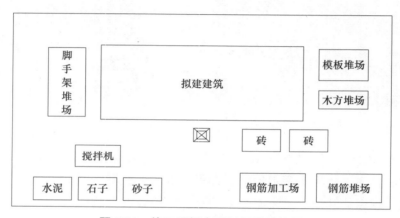

图 5-22 施工现场主要材料堆放位置

（1）建筑物基础和第一施工层所使用的材料，沿建筑物四周布置，但须留足安全尺寸，不得因堆料造成基槽（坑）土壁失稳。

（2）第二施工层以上所用的材料，布置在提升机具附近。

（3）砂、石等大宗材料尽量布置在搅拌机械附近。

（4）当多种材料同时布置时，大宗的、重大的如模板、脚手架材料和先期使用的材料，尽量布置在提升机具附近；少量的、轻的和后期使用的材料，则可布置得稍远一些。

（5）加工棚可布置在拟建工程四周，并考虑木材、钢筋、成品堆放场地。

（二）建筑材料在施工现场放置数量的确定

施工现场材料放置要分类、分批、分规格堆放，整齐、整洁、安全。数量可按下列要求确定：

1. 水泥放置数量的确定

（1）水泥存放需设置水泥仓库，库房要干燥，地面垫板要离地 30cm，四周离墙 30cm，堆放高度 ≤ 10 袋，按照到货先后依次堆放，尽量做到先到先用，防止存放过久，如图 5-23（a）所示。若乡村建设实在无室内堆放场地时，水泥可放在室外，但一定要垫高防潮，上面全覆盖，如图 5-23（b）所示。

（a）水泥室内堆放　　　　　　　　　　　　　　（b）水泥室外堆放

图 5-23　水泥室内、外堆放

（2）水泥堆放标识牌要求：标注清楚生产厂家、标号、数量、批号、生产日期、进货日期、检验日期、检验编号、检验状态。

2. 砂石放置数量的确定

砂石堆放场地应硬化，地面不积水，砂石要分类堆放，堆放限高 ≤ 1.2m，如图 5-24 所示。如遇大风天气，砂石堆应用防尘网盖住。

图 5-24　砂石堆放

3. 砖、砌块堆放数量的确定

砖和砌块的堆放场地应硬化，地面不积水，有条件的可下垫上盖，不同尺寸的砖、砌块分类堆放，堆放高度≤2m，如图5-25、图5-26所示。

图5-25 砖的堆放

图5-26 砌块堆放

4. 模板、木方堆放数量的确定

模板、木方周转材料的堆放场地应硬化，地面不积水，要分类堆放，堆放限高≤2m，如图5-27、图5-28所示。

图5-27 模板堆放

图5-28 木方堆放

5. 钢管堆放数量的确定

钢管堆放场地应硬化，地面不积水，堆放限高≤2m，钢管必须刷防锈漆进行保护，如图5-29所示。

6. 对拉螺栓堆放数量的确定

对拉螺栓堆放场地应硬化，地面不积水，下垫上盖，堆放限高≤1.2m，对拉螺栓必须刷防锈润滑油进行保护，如图5-30所示。

图 5-29 钢管堆放

图 5-30 对拉螺栓堆放

第三节 施工机具准备

（一）电动工具与开关箱的连接情况检查与上报

在施工现场临时用电中配电箱可分为总箱、分箱和开关箱。开关箱起到方便停、送电，计量和判断停、送电的作用，如图 5-31 所示。

1. 连接线完整性的检查

对于电动工具与开关箱之间的连接线，应确保其完整性，如图 5-32 所示。检查连接线是否有破损、老化、断裂或裸露等现象，以确保其能够安全传输电能。对于发现的问题，应及时更换或修复。

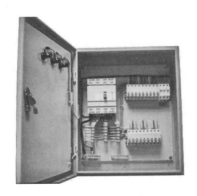
图 5-31 开关箱

图 5-32 电动工具与开关箱的连接线

2. 接头紧固情况的检查

检查连接线的接头是否紧固，防止因松动导致接触不良或产生火花。对于使用螺

111

栓固定的接头，应使用合适的螺丝刀紧固；对于插拔式接头，应确保插头与插座接触良好。

3. 绝缘性能的检测

使用绝缘电阻表等工具对连接线进行绝缘性能检测，确保电动工具与开关箱之间的绝缘电阻符合安全要求。对于绝缘性能不佳的连接线，应及时更换。

4. 漏电保护功能的检查

检查开关箱是否具备漏电保护功能，并确保该功能处于正常工作状态，如图 5-33 所示。可通过模拟漏电情况来测试漏电保护器的灵敏度。如发现问题，应及时维修或更换。

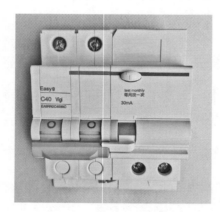

图 5-33　漏电保护开关

5. 接地电阻的测试

对接地线进行接地电阻测试，确保接地电阻值符合相关安全标准。对于接地电阻过大的情况，应检查接地线连接是否牢固，接地体是否锈蚀严重等，并及时处理。

6. 过载与短路保护的检查

检查开关箱是否具备过载和短路保护功能，并确保该功能处于正常工作状态。可通过模拟过载和短路情况来测试保护功能的可靠性。如发现问题，应及时维修或更换。

7. 标识与警示标签的检查

检查电动工具和开关箱上的标识与警示标签是否清晰、完整。如有缺失或模糊不清的标签，应及时补充或更换。同时，确保操作人员能够清晰识别并理解这些标识和标签的含义，如图 5-34 所示。

图 5-34　配电箱标识与警示

8. 检查的记录与上报

乡村建设工匠应对配电箱定期检查，每次对电动工具与开关箱连接情况检查后，应详细记录检查结果，包括发现的问题、采取的措施等。检查记录应保存在指定的位置，方便随时查阅。同时，对于发现的重要问题或隐患，应及时采取措施进行处理。

通过以上八个方面的检查与上报工作，可以确保电动工具与开关箱之间的连接安全可靠，有效预防电气事故的发生。同时，也有助于提高安全生产水平，保障施工人员生命财产安全。

（二）施工机具的保管与保养

1. 施工机具的保管

（1）存放环境：选择一个干燥、通风良好且无阳光直射的室内环境存放施工机具。避免设备暴露在雨雪、灰尘和潮湿的环境中，以防止金属部件生锈和电气部件损坏。

（2）地面处理：确保存放施工机具的地面平整、坚固，并具有良好的排水性能。对于易受潮的设备，可以在地面上铺设木板或橡胶垫，以增加设备的离地高度，防止底部受潮。

（3）清洁与整理：定期清理设备表面和内部，保持设备的清洁。同时，整理设备周围的杂物和线缆，确保通道畅通，方便设备的移动和维修。

（4）安全防护：在存放施工机具的环境中，应安装适当的消防设备，并确保设备在紧急情况下可以迅速停机。此外，应定期检查设备的电源线是否破损，以防止意外触电。

2. 施工机具的保养

（1）日常保养：每天使用设备前，检查设备的电源、开关和控制系统是否正常。运行设备后，检查设备是否有异常声音、振动或异味。如有问题，立即停机检查并报修。

（2）定期保养：根据设备制造商的建议，定期对施工机具进行保养。包括更换润滑油、检查紧固件是否松动、清理散热器等。此外，还要检查设备的切割刀具是否锋利，是否需要更换或磨砺。

（3）预防性维护：为了延长施工机具的使用寿命，应定期进行预防性维护。包括清洗设备表面和内部、检查电线和电缆、更换损坏的部件等。此外，根据需要，可以定期对设备进行调试和校准，以确保其精度和稳定性。

（4）记录与存档：为了方便追踪设备的维护历史和诊断问题，应记录每次保养和维修的内容，并将其存档。内容包括维修时间、更换的部件、进行的工作等详细信息。

3. 手持电钻的保管和保养

（1）清洁与保养：使用后应及时清洁电钻，用软布擦去表面灰尘和油污；检查钻头是否锐利，不锐利应及时磨削或更换；定期润滑电钻的关键部件，保持其良好的运作效率。

（2）存放环境：将手持电钻存放在干燥、无尘、通风良好的地方，避免潮湿和高温；避免阳光直射，以免加速电线老化和导致发热。

（3）电池与充电器：如果电钻使用可充电电池，确保电池完全充电并妥善存放；将充电器存放在干燥、通风的地方，并远离易燃物品。

（4）安全防护：在存放时，确保电钻的开关处于关闭状态，并拔下电源插头；使用适当的保护套或箱子来存放电钻，以防止碰撞和损坏。

4. 无齿锯的保管和保养

（1）清洁与检查：使用后及时清洁无齿锯，去除锯片上的残留物和尘土；检查锯片是否有损伤或裂纹，必要时进行更换。

（2）存放环境：存放于干燥、通风、无尘的地方，避免潮湿和高温；确保存放位置远离火源和易燃物品。

（3）锯片保护：存放时，应将锯片从机器上取下，并妥善放置，避免弯曲或损坏；使用保护套或专用箱子来存放无齿锯，以防止碰撞和损伤。

（4）电源与电线：拔下电源插头，存放时避免电线受到压迫或扭曲，以延长使用寿命。

无论是手持电钻还是无齿锯，都需要定期进行保养和检查，以确保其在使用时的安全和性能。正确的保管和维护可以延长设备的寿命，提高使用效率。

（三）电动机具的使用

1. 电圆锯的使用

电圆锯适用于对木材、纤维板、塑料和软电缆以及类似材料进行锯割作业，如图 5-35 所示。

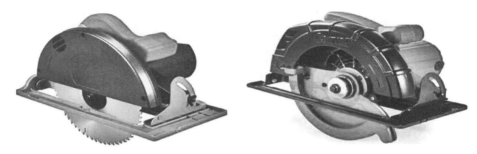

图 5-35　电圆锯

1）电圆锯的检查

（1）检查电圆锯的锯片、外壳、手柄是否出现裂缝、破损。

（2）检查电缆软线及插头等是否完好无损，开关是否正常，保护接零连接是否正确、牢固可靠。

（3）检查锯片是否安装牢靠，螺栓是否拧紧，内外卡盘是否将锯片紧紧夹住，锯片的平面是否与电圆锯的水平轴线方向垂直。

（4）检查活动保护罩的转动是否灵活，有无变形，与圆锯片是否相互摩擦，连接是否可靠，操作中是否会脱落。

（5）检查侧手柄是否安装牢靠，握持操作时是否会松动。

（6）检查被切割工件是否被牢牢固定好。

2）电圆锯的使用

（1）启动时电圆锯必须处于悬空位置，其会出现猛然跳动，必须双手握持，手指不得置于开关位置，锯齿必须离开被切割工件，防止电圆锯启动时跳动触碰到被切割工件。

（2）电圆锯启动后应让其空转一段时间，观察锯片运转是否正常，是否有左右摆动的现象，电圆锯是否振动过大，噪声是否正常。

（3）电圆锯在操作过程中一定要注意其电缆的位置，防止被割断造成触电或短路事故。电缆要绕过身后再接入电源，身体不要与电缆接触。

（4）电圆锯在进行切割操作时，双手一定要紧握设备的手柄和侧手柄。手指不可接近高速旋转的锯片，操作者的身体必须与设备保持适当的距离，如图 5-36 所示。电圆锯的使用可扫描二维码观看视频 5-2。

图 5-36　电圆锯切割　　　　　视频 5-2　电圆锯的使用

（5）不得在高过头顶的位置使用电圆锯，防止电圆锯或被切割工件脱落造成事故。

（6）作业中应注意音响及温升，发现异常应立即停机检查。在作业时间过长，机具温升超过 60℃或烫手或有烧焦味时，应停机，自然冷却后再行作业。

（7）作业中，不得用手触摸刃具，发现其有磨钝、破损等不正常声音、情况时，应立刻停止检查；维修或更换配件前必须先切断电源，并等锯片完全停止。

（8）锯片磨钝需修锉时，应关上电源，拔下插头，待锯片完全停止，才能拆下锯片作业。停电、休息或离开工作场地时应关闭电圆锯电源。加工完毕应关闭电源，并做好设备及周围场地的清洁。

2. 台锯的使用

台锯用于模板和木料的纵向锯割，如图 5-37 所示。

图 5-37　台锯

1）作业前的准备

（1）乡村建设工匠必须经过培训，熟悉台锯的性能和操作规程后方可操作机器。

（2）作业前，应先清理作业场所，确保无妨碍工作的障碍物和危险品。

2）设备的检查

（1）台锯的安放场地应平整，要保证台锯稳定。

（2）检查锯片是否完好，有无裂痕、明显的磨损或变形。如有异常，应立即更换。

（3）检查传动系统的轴承、齿轮等部件是否松动或磨损，链条或皮带是否松动或磨损。如有异常，应立即维修或更换。

（4）检查冷却系统是否畅通，有无堵塞现象。如有异常，应立即维修。

（5）检查工作台面是否平整、光滑，有无异物或杂物。如有异常，应立即清理。

（6）检查是否装好防护罩和安全装置。

3）台锯的使用

（1）使用前必须空车试运转，转速正常后，再经2～3分钟空运转，确认无异常后再送料进行工作。

（2）先检查被锯割的木材表面或裂缝中是否有钉子或石子等坚硬物，以防损伤锯齿，或发生伤人事故。

（3）操作时应站在锯片稍左的位置，不应与锯片站在同一直线上，以防木料弹出伤人。

（4）送料时不要用力过猛，木料应端平，不要摆动或抬高、压低。锯到木节处要放慢速度，并应注意防止木节弹出伤人。

（5）纵向截料时，木料要紧靠导向板，不得偏歪；横向截料时，要对准锯料线，端头要锯平齐。

（6）木料锯到尽头，不得用手推按，以防锯伤手指。如是两人操作，下方作业人员应待木料出锯台后，方可接位。

（7）锯短木料时必须用推杆送料，不得一根接一根的送料。

（8）木料卡住锯片时应立即停机，再做处理。

（9）不得用手清理锯台上的碎屑、锯末，应待停机后用木棒或其他工具清理。

（10）作业人员衣袖要扎紧，不准戴手套。机械运转过程中，禁止进行调整、检修和清扫工作。

（11）锯割作业完成后要及时关闭电门，拔去插头，切断电源，确保安全。

4）台锯的保管与保养

（1）清洁与除尘：在存放台锯之前，首先要对其进行彻底的清洁。这包括清除机器上的木屑、粉尘和其他杂质。使用适当的清洁剂和工具，确保机器表面和内部部件的清洁。同时，还要对机器的电机等关键部件进行除尘，以防止灰尘和杂质对其造成损害。

（2）润滑保养：清洁后，宜对台锯进行适当的润滑保养。根据机器的要求，选择适合的润滑油，并按照制造商的指示进行加注和更换。确保所有需要润滑的部件都得到充分的润滑，以减少摩擦和磨损。

（3）锯片保养：台锯的锯片是其核心部件之一，因此需要特别关注其保养情况。在存放期间，锯片应放置在干燥、通风的地方，避免阳光直射和潮湿。如果锯片长时间不使用，建议涂抹一层防腐剂以防止其材质被侵蚀。此外，还要定期检查锯片的磨损情况，及时更换损坏或磨损严重的锯片。

（4）机器防护：为了保护台锯免受损坏和腐蚀，可以采取一些防护措施。例如，在机器表面覆盖一层防尘罩或防水布，以防止灰尘和水分进入机器内部。同时，还要确保机器的存放环境干燥、通风，并避免机器受到碰撞或振动。

（5）定期检查：即使台锯处于存放状态，也应定期对其进行检查，这可以确保机器处于良好的状态，并及时发现并解决潜在的问题。检查内容包括机器的外观，锯片、电机等部件的完好性和运行状况。

3. 钢筋调直机的使用

钢筋调直机如图 5-38 所示。

图 5-38　钢筋调直机

1）开机前准备

（1）检查机器各部件是否完好无损，紧固件是否牢固。

（2）确保电源连接正确，接地良好。

（3）检查润滑油是否充足，不足时应及时添加。

（4）根据需要调整调直模的间隙，确保适应不同直径的钢筋。

2）操作步骤

（1）打开电源开关，启动电机。

（2）将待调直的钢筋放入进料口，引导钢筋进入调直模。

（3）观察钢筋的调直情况，适当调整调直模的间隙和电机的转速。

（4）调直后的钢筋从出料口输出，可根据需要截断或继续加工。

（5）操作完成后，关闭电源开关，切断电源。

3）安全注意事项

（1）使用前应确保机器接地良好，防止触电事故发生。

（2）操作时应穿戴好防护用品，如手套、工作服等。

（3）禁止在机器运行时将手伸入调直模内，以免发生危险。

（4）如发现机器有异常响声或发热等情况，应立即停机检查。

4）保管与保养

（1）定期清理机器表面的灰尘和油污，保持机器清洁。

（2）定期检查润滑油的油位，不足时应及时添加。

（3）每季度对机器各部件进行一次全面检查，发现问题及时处理。

（4）长期不使用时，应将机器存放在干燥、通风的地方，并用防尘罩遮盖。存放期间，应定期检查机器各部件是否完好，如有损坏或松动应及时处理。

4. 钢筋弯曲机的使用

钢筋弯曲机可以将钢筋弯成不同的角度和弧度，如图 5-39 所示。

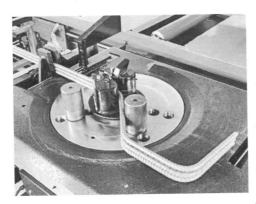

图 5-39　钢筋弯曲机

1）使用前的准备

（1）确认工作环境：钢筋弯曲机应放置在平坦、坚固、无杂物的工作场地上，确保机器稳定且操作空间充足。

（2）准备所需材料：根据工程需求，准备好待弯曲的钢筋，并确保钢筋表面无油污、锈蚀等杂物。

（3）检查附件：确保所有附件（如弯曲模具、定位装置等）齐全且状态良好。

2）安全检查

（1）检查电源线和插头是否完好，无破损或老化现象。

（2）检查机器各部件是否完整，紧固件是否牢固，无松动现象。

（3）确认安全防护装置（如防护罩、挡板等）是否安装正确，工作可靠。

3）操作步骤

（1）开启电源：接通钢筋弯曲机的电源，按下启动按钮，观察电机运转是否正常。

（2）装载钢筋：将待弯曲的钢筋放置在定位装置上，并根据需要调整定位装置的位置。

（3）选择弯曲角度：根据工程要求，选择适当的弯曲模具，并调整相应的角度。

（4）开始弯曲：启动弯曲机，使钢筋在模具中弯曲成型。

（5）卸载钢筋：弯曲完成后，关闭机器，取出成型的钢筋。

（6）关闭电源：操作完成后，应关闭钢筋弯曲机的电源，断开电源插头。

（7）清理现场：清理工作现场，将弯曲好的钢筋堆放整齐，确保工作场地整洁有序。

（8）检查机器：对机器进行一次全面检查，确保各部件完好无损，为下次使用做好准备。

4）注意事项

（1）操作人员应熟悉钢筋弯曲机的结构和性能，并经过专业培训后方可操作。

（2）操作过程中应保持注意力集中，严禁分心或疲劳操作。

（3）在弯曲过程中，禁止将手或其他物品伸入弯曲区域，以免发生危险。

（4）如遇紧急情况，应立即按下急停按钮，切断电源，确保安全。

5）保管与保养

（1）定期清理机器表面和内部积累的灰尘和杂物，保持机器清洁。

（2）定期检查各部件的紧固情况，如有松动应及时紧固。

（3）定期对轴承、齿轮等运动部件进行润滑，确保机器运行顺畅。

（4）长期不使用时，应将机器存放在干燥、通风的地方，并用防尘罩遮盖。

【小贴士】可通过更换弯曲机不同的弯曲模具或调整模具角度来实现不同的弯曲角度；可根据钢筋的材质和直径，适当调整弯曲机的转速，以获得最佳的弯曲效果。

第六章　测量放线

第一节　测量

（一）构、部件的测量

1. 构、部件长度、宽度的测量

1）测量工具的使用

（1）卷尺：卷尺常用来测量部件的尺寸。使用卷尺时，要确保尺子笔直，并注意起点端要固定好。对于弯曲或不规则的部件，需要多测量几个位置以获取准确的数据，如图6-1所示。

（2）卡尺：卡尺适用于测量小部件或细节尺寸。使用卡尺时，要确保将测量面与部件表面完全贴合，以避免误差，如图6-2所示。

（3）激光测距仪：激光测距仪能够精确测量距离和角度。使用激光测距仪时，要确保对准需要测量的位置，并按照设备的指示操作，如图6-3所示。

图6-1　卷尺　　　　图6-2　卡尺　　　　图6-3　激光测距仪

【小贴士】对于某些角度或斜面的测量，可以使用勾股定理即"勾三股四弦五"来计算长度。通过测量垂直和水平距离，使用勾股定理计算出所需的角度或斜面的长度。

2）房屋长度、宽度的测量

通常用卷尺或激光测距仪来测量房屋长度和宽度。沿着外墙体的外表面拉测，尺子紧贴墙面，并确保水平笔直，避免测量误差。对于比较长的墙体，可以分段测量并累加得到总长度。

3）梁长度、宽度的测量

梁的长度、宽度测量可在梁的上方或下方进行，常使用卷尺沿着梁的外边缘进行测量。注意避开梁上的支撑点或凸出物，可以在不同的位置进行多次测量，以确保数据的准确性。

4）柱高度及长度、宽度的测量

柱的高度通常使用卷尺或激光测距仪从柱底到柱顶进行测量。柱的长宽通常使用卷尺或激光测距仪测量。测量时，应注意避开柱上的装饰线条或其他凸出物，确保尺子与柱的表面平齐。

5）楼板长度、宽度的测量

楼板长宽可在楼板的上方或下方进行，常使用卷尺或激光测距仪沿着楼板的中心线或外边缘进行测量。

6）屋顶长度、宽度的测量

屋顶长宽测量需要根据屋顶的形状和构造进行。对于平屋顶，可直接使用卷尺或激光测距仪测量屋顶长度。对于坡屋顶，需要分别在屋顶不同高度位置进行测量，并记录各个位置的长度。

7）门窗洞口的测量

门窗洞口的测量包括洞口的宽度和高度。常使用卷尺或激光测距仪沿着洞口的内边缘进行测量，记录门窗洞口的实际尺寸，以便选购合适的门窗。

8）楼梯尺寸的测量

楼梯尺寸通常包括梯段尺寸和踏步尺寸。常使用卷尺或激光测距仪测量梯段长和宽，踏步的宽和高常用卷尺测量。

2. 构、部件厚度的测量

1）墙体厚度的测量

墙体厚度通常使用卷尺、卡尺或超声波测厚仪进行测量。在墙体的不同位置（如墙角、门窗洞口旁边等）选取若干个点进行测量，并记录测量数据。对于多层墙体，应分别测量各层的厚度。

2）楼板厚度的测量

楼板厚度的测量可在楼板的下方进行，使用卡尺或钻孔取样方法进行。对于混凝土楼板，可使用超声波测厚仪进行无损测量。确保在多个位置进行测量，以获得楼板的平均厚度。

（1）超声波检测法：可使用超声波测厚仪等专业测量仪器进行测量。将仪器对准楼板表面，测量仪器会显示出楼板的厚度。如图6-4所示。

（2）钻孔法：在楼板上钻一个小孔，然后使用卡尺或测量仪器测量孔的深度，即可得到楼板的厚度。这种方法适用于楼板较厚的情况，但会对楼板造成一定的损坏。如图6-5所示。

图6-4　超声波检测法　　　　　　　图6-5　钻孔法

3）门窗框厚度的测量

门窗框的厚度可使用卡尺进行测量。在门窗框的顶部、底部和侧面分别进行测量，以获取全面的厚度数据。

4）保温层厚度的测量

保温层的厚度可使用卡尺或针式测厚仪在保温层的不同位置进行多点测量。对于较厚的保温层，可考虑在多个层次进行测量。

5）防水层厚度的测量

防水层的厚度通常使用卡尺或专用的防水层测厚仪在防水层不同位置进行多点测量，特别是在关键部位如墙角、管道周围等，以评估防水层的质量和厚度。

（二）构、部件现场位置测量定位

1. 基础现场位置测量定位

在基础垫层打好后，根据龙门板上的轴线钉或轴线控制桩，用经纬仪或用拉绳挂锤球的方法，将轴线投测到垫层面上。依据轴线控制线，用墨线弹出基础中心线和基础边线，并进行严格校核，如图6-6所示。

2. 墙、柱现场位置测量定位

根据轴网控制线，先在基础面或楼面弹出各分轴线，再根据分轴线和墙柱的尺寸，图纸中墙、柱和轴线的位置关系，弹出墙、柱边线及控制线。同一柱列则先弹两端柱，再拉通线弹中间柱的轴线及边线，如图6-7所示。

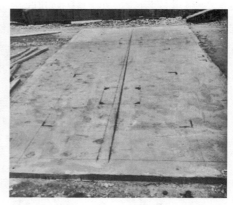

图 6-6　基础现场位置测量定位

图 6-7　墙、柱现场位置测量定位

3. 门窗洞口现场位置测量定位

根据图纸中门窗洞口的尺寸和位置，在楼地面上放门窗洞口水平尺寸，如图6-8所示，窗台、门口、洞口的竖向标高一般通过皮数杆控制。

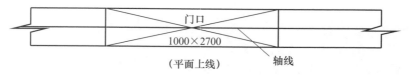

图 6-8　门窗洞口现场位置测量定位

第二节　放线

（一）结构施工控制线的引测

结构施工控制线的引测大致可以分三个阶段：建筑物定位放线、基础施工放线和主体施工放线。

1. 测量放线前的准备

（1）图纸准备：熟悉施工图纸，了解户主要求和相关规范，明确控制线的种类、位置和精度要求。

（2）测量仪器准备：选择合适的测量仪器，如水准仪、经纬仪等，并检查其精度和可靠性，如图 6-9 所示。

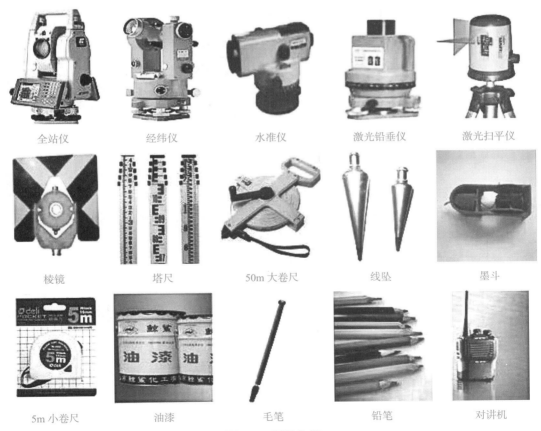

全站仪	经纬仪	水准仪	激光铅垂仪	激光扫平仪
棱镜	塔尺	50m 大卷尺	线坠	墨斗
5m 小卷尺	油漆	毛笔	铅笔	对讲机

图 6-9　测量仪器

（3）施工场地准备：清理施工现场，确保测量场地平整、开阔，无明显障碍物和沉降变形区域。

（4）人员组织：确定测量工匠，进行测量任务的分工和协调。

2. 建筑物定位放线

1）建筑物定位

（1）根据原有建筑物定位

乡村房屋建设可根据与原有建筑物的位置关系定位，如图6-10所示。

① 根据村镇规划图提供的定位关系尺寸，定位时先将原有建筑物的MP、NK延长在AB上交得1点和2点，确保1、2点在AB直线上，由2点量至3点，再由3点量至4点。AB为规划基线。

② 分别在3、4点安置经纬仪测量90°而测定出EG、FH方向线。也可利用"勾三股四弦五"定出EG和FH方向线。

③ 在该方向线上分别测定出E、G、F、H点，即为外墙的四个轴线的交点，并打入木桩。该方法也适用于只有原建筑，没有建筑基线A、B的情况，只要先按一定的距离由原建筑假设AB直线即可。

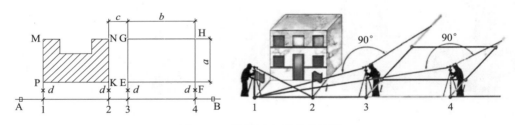

图6-10 根据原有建筑物定位

（2）根据建筑红线定位

可根据拟建建筑物与村镇规划建筑红线的位置关系，利用建筑物用地边界点测设，如图6-11所示。

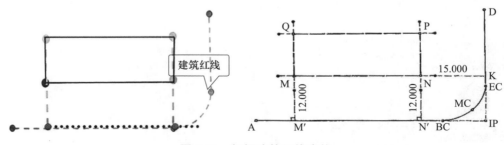

图6-11 根据建筑红线定位

（3）根据控制点坐标定位

在建筑场地附近如果有已知的测量控制点可以利用，可根据控制点坐标及建筑物定位点的设计坐标，采用确定地面点的方法将建筑物测设定位到地面上，如图 6-12 所示。

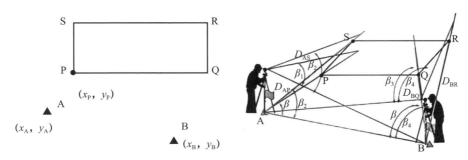

图 6-12 根据控制点坐标定位

2）建筑物的放线

根据已定位的外墙轴线交点桩（角桩），详细测设出建筑物各轴线的交点桩（或称中心桩）。放线方法如下：

（1）在外墙轴线周边测设中心桩位置，用钢尺量出相邻两轴线间的距离，定出其他轴线的交点位置。

（2）由于在开挖基槽时，角桩和中心桩要被挖掉，为了便于在施工中恢复各轴线位置，应把各轴线延长到基槽外安全地点，并做好标志。其方法有设置轴线控制桩和龙门板两种形式。

① 设置轴线控制桩。轴线控制桩设置在基槽外基础轴线的延长线上，作为开槽后各施工阶段恢复轴线的依据，轴线控制桩一般设置在基槽外 2～4m 处，打下木桩，桩顶钉上小钉，准确标出轴线位置，并用混凝土包裹木桩，如图 6-13 所示。如附近有建筑物，也可把轴线投测到建筑物上，用红漆做出标志，以代替轴线控制桩。

② 设置龙门板，将各轴线引测到基槽外的水平木板上。水平木板称为龙门板，固定龙门板的木桩称为龙门桩，如图 6-14 所示。设置龙门板的步骤如下：

a. 在建筑物四角与隔墙两端，基槽开挖边界线以外 1.5～2m 处，设置龙门桩。龙门桩要钉得竖直、牢固，龙门桩的外侧面应与基槽平行。

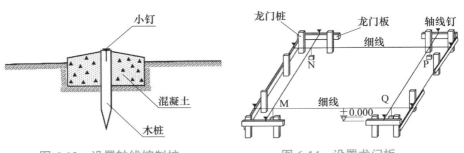

图 6-13 设置轴线控制桩　　　　图 6-14 设置龙门板

b. 根据施工场地的水准点，用水准仪在每个龙门桩外侧，测设出该建筑物室内地坪设计高程线（即 ±0.000 标高线），并做出标志。

c. 沿龙门桩上 ±0.000 标高线钉设龙门板，这样龙门板顶面的高程就同在 ±0.000 的水平面上。然后，用水准仪校核龙门板的高程，如有差错应及时纠正，其允许误差为 ±5mm。

d. 在 N 点安置经纬仪，瞄准 P 点，沿视线方向在龙门板上定出一点，用小钉做标志，纵转望远镜在 N 点的龙门板上也钉一个小钉。用同样的方法，将各轴线引测到龙门板上，所钉之小钉称为轴线钉。轴线钉定位误差应小于 ±5mm。

e. 用钢尺沿龙门板的顶面，检查轴线钉的间距，其误差不超过 1：2000。检查合格后，以轴线钉为准，将墙边线、基础边线、基础开挖边线等标定在龙门板上。

3. 基础施工放线

1）基槽开挖深度的控制

当基槽开挖接近基底标高时，在槽壁上每隔一段距离设置一个水平控制桩，一般比基槽设计标高高出 0.5～1.0m，用于拉线找平基础底标高，如图 6-15 所示。水平桩可作为挖槽深度、修平槽底和打基础垫层的依据。

2）设计标高的控制标记

在开挖达到设计标高后，一般每隔 2～3m 钉一个 30mm×30mm 小木桩打入基底，并在小木桩周围撒上白灰点或白灰圈作为基槽开挖到位标记。

3）基础的放线

（1）在基槽开挖完成后，必须复核槽底的标高及几何尺寸，确认无误后准备混凝土垫层施工，混凝土垫层完成后进行基础放线。

（2）基础垫层打好后，根据轴线控制桩或龙门板上的轴线钉，用经纬仪或用拉绳挂锤球的方法，将轴线投测到垫层上，如图 6-16 所示，并用墨线弹出墙中心线和基础边线，作为基础施工的依据。

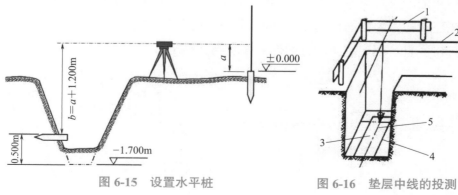

图 6-15　设置水平桩　　　　图 6-16　垫层中线的投测

1—龙门板；2—细线；3—垫层；
4—基础边线；5—墙中线

4. 主体施工放线

1）首层墙体的定位放线

（1）利用轴线控制桩或龙门板上的轴线和墙边线标志，用经纬仪或拉绳挂锤球的方法将轴线投测到基础面上或防潮层上。

（2）用墨线弹出墙中线和墙边线。

（3）检查外墙轴线交角是否等于90°。

（4）把墙轴线延伸并画在外墙基础上，如图6-17所示，作为向上投测轴线的依据。

（5）把门、窗和其他洞口的边线，也在外墙基础上标定出来。

2）墙体各部位标高的控制

在墙体施工中，墙身各部位标高通常也是用皮数杆控制。

（1）在墙身皮数杆上，根据设计尺寸，按砖、灰缝的厚度画出线条，并标明±0.000、门、窗、楼板等的标高位置，如图6-18所示。

（2）墙身皮数杆的设立与基础皮数杆相同，使皮数杆上的±0.000标高与房屋的室内地坪标高相吻合。在墙的转角处、每隔10～15m设置一根皮数杆。

（3）在墙身砌起1m以后，就在室内墙身上定出＋0.500m的标高线，作为该层地面施工和室内装修用。

（4）第二层以上墙体施工中，为了使皮数杆在同一水平面上，要用水准仪测出楼板四角的标高，取平均值作为楼面标高，并以此作为立皮数杆的标志。

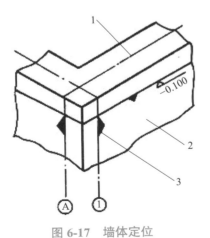

图6-17　墙体定位

1—墙中心线；2—外墙基础；3—轴线图

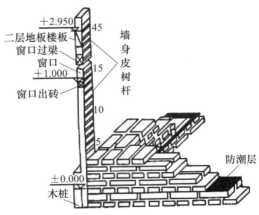

图6-18　墙身皮数杆的设置

3）结构施工控制线的引测

主体结构施工在楼层内建立轴线控制网，控制点不少于4个，如图6-19所示。

结构放线采用双线控制，控制线与定位线间距按照 300mm 引测；轴线、墙柱控制线、周边方正线在混凝土浇筑完成后同时引测，如图 6-20 所示。所有主控线、轴线交叉位置必须采用红色油漆做好标识，如图 6-21 所示。

图 6-19　控制点

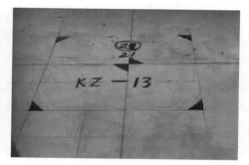

图 6-20　控制线示意

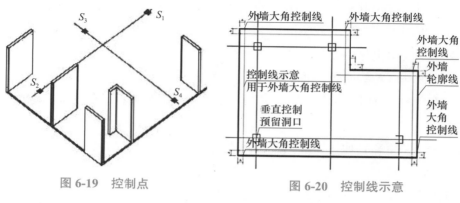

图 6-21　放线红色油漆标识

【小贴士】测量前要对仪器进行准确校准，保证测量结果的准确性；测量过程中要遵循规定的操作流程和精度要求，避免误差的产生；在恶劣天气条件下，如风雨、高温等，应尽量避免进行测量作业，以保证测量人员的安全和测量结果的准确性。

（二）装饰施工控制线的引测

装饰施工控制线有装饰基准线、水平线、装饰完成面线和施工定位线"四线"，装饰工程控制线的引测，是以建筑轴线（土建基准线）和标高为依据，指导整个施工过程的控制线，它就是装饰控制的定位线。在施工现场对图纸标注的内容按 1:1 比例对地面、墙面、顶面进行精确细致的投放出线，如图 6-22、图 6-23 所示。

图 6-22　土建原始基准线

图 6-23　土建原始水平线

1. 装饰基准线的引测

由土建基准线引出装饰纵向、横向基准线。根据装饰施工图的要求，在施工现场复核土建纵向、横向基准线是否在允许偏差内。误差在允许范围内，则原土建基准线可直接作为装饰基准线使用，再延伸出各区域中线作为分支装饰基准线。误差比较大时，在原土建基准线的基础上，进行施工现场二次纠偏复测，即平行移线调整，以达到纠偏满足施工图纸的要求，再确定为装饰基准线并用红色自喷漆，喷好主基准线标注。以主基准线为直角坐标系，测设各房间十字基准线，将这些线投放到地面、墙面及顶棚，并用红漆做好标记，以便在施工中复测，十字交叉点就是装饰工程基准点，如图 6-24 所示。

图 6-24　装饰纵向、横向基准线

基准线的正确使用：在主基准线的基础上延伸到每个角落，放线环节必须工匠亲自参加，确保整个放线过程无误可控，做到心中有数。

2. 水平线的引测

由土建提供的建筑标高水平点，贯穿各楼层地面、空间标高的控制线。

依据土建提供的各楼层建筑水平点（＋1.0m）对各房间墙面放出水平线。它是控制装饰工程所需高度的定位线，在完成水平线闭合，对楼层建筑地面进行复核。复核后楼层建筑地面误差在允许范围内，则采用土建提供的水平点（＋1.0m），作为各楼层施工水平线；如果复核后偏差太大，必须重新确定水平线（＋1.0m），工匠按照新确认的水平线进行定位施工。如图 6-25 所示。

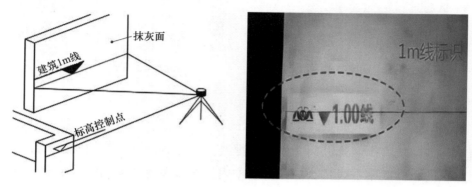

图 6-25　水平＋1.0m 线

3. 装饰完成面线的引测

依据装饰基准线，按施工图要求投放出的装饰完成面线及基层完成面线，主要包括墙面完成面线、吊顶完成面标高线、地面完成面线。

（1）墙面完成面线投放于地面和墙面阴角处，且上墙高度不低于顶面完成面，如图 6-26 所示。

（2）吊顶和地面完成面线则投放于四周墙面，如图 6-27、图 6-28 所示。

图 6-26　墙面完成面线

图 6-27　吊顶完成面标高线

图 6-28　地面完成面线

（3）投放墙面完成面线时应充分复测墙柱面平整度、垂直度、角度方正等土建自身偏差；同时也充分了解饰面材料的物理性能和技术参数以及末端设备管道安装所需空间（包括规格尺寸、收缩性、安装方式等）。注意留缝和节点收口的合理性，确保预留尺寸满足饰面施工拼装需要。

4. 施工定位线的引测

依据装饰基准线，按照装饰施工图投测施工定位线，作为施工参照、引用、控制、测量、下单、包装、运输、二次转运及安装的依据。主要包括主次通道中线、门窗中线、分区定位线、背景／造型中线、墙面饰面定位线、（饰面分界线）、（饰面排版线）、阴阳角定位线、吊顶／造型投影线、地面拼花中线、家具定位线、给水管／强电线管／弱电线管隐蔽线。

（1）主次通道中线是根据通道两侧已放装饰完成面线，按照装饰施工图尺寸测量出通道中点所投放的中间施工定位线，主通道与次通道在无特殊角度或弧度的情况下，应保证90°垂直或平行。此线作为地面排版、吊顶排版、吊顶造型以及天花末端（风口、喷淋、喇叭、灯具、烟感等）等施工定位所直接引用的依据。另外，应复核室内通道或入口中线与室外中线或雨棚中线是否一一对应，如图6-29所示。

（2）门窗施工定位线包括门窗中线和门窗基层定位线。根据通道完成面线和通道中线，依据装饰施工图要求投放门窗中线以确定门窗平面安装位置（施工现场能一次性放出通道中线与门中线就一步到位，减少重复投放）；同时，根据门窗设计尺寸要求和成品门窗安装连接构造，确定与基层施工定位线（门套与基层的连接空隙一般控制在8mm±2mm）加上门套基层制作所需厚度，复测土建预留门洞位置和宽高是否符合门套基层制作和成品门窗安装需要，根据实际预留情况进行基层找补，如图6-30、图6-31所示。

图6-29　通道中心线　　　　　图6-30　门中心线　　　　　图6-31　窗中心线

（3）分区定位线是区分区域的控制线，它是依据施工图的要求，将不同的区域间的相关相邻位置区分开，如干湿区的区分、玄关区分、客房内外的区分等，使每个区间有一定的控制范围及内容。如客房装修中，户内卫生间与卧室的区分都是按照施工图的要求来完成定位的。其意义在于干湿区确定后，就能将卧室内的电视机及床中心线投放出来，此线为干区"灵魂线"，主控干区内各机电末端点位定位以及家具功能性定位。还要注意的是功能性的要求，在分区定位放线时，要考虑到满足功能性。

如入户门开启时，能顺畅打开到 90° 后不会碰到任何物件且保证开启后的最小值，如图 6-32、图 6-33 所示。

（4）阴阳角定位线是依据施工图要求，结合施工现场放出的偏差校正后的定位线，它是原结构也存在的实体阴阳角，部分因图纸要求改变的定位线，也是墙面完成面线在此区域投放的位置，如图 6-34、图 6-35 所示。

（5）吊顶 / 造型投影线是依据施工图要求，在确定 ±0.000 标高后，在墙面投放出吊顶 / 造型高度的线。它是指导吊顶以上各工序施工环节能够正常施工的定位线，也是检查其他工序在吊顶以上施工是否存在偏差的依据，如图 6-36、图 6-37 所示。

图 6-32　客房走道分区线

图 6-33　干湿分区线

图 6-34　阴角定位线

图 6-35　阳角定位线

图 6-36　吊顶投影线

图 6-37　造型投影线

（6）家具定位线是依据基准线按照施工图要求放出的相关功能的定位线，如图 6-38、图 6-39 所示。

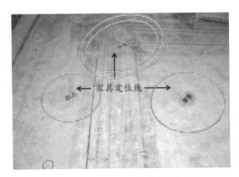

图 6-38　家具定位线（1）　　　　　图 6-39　家具定位线（2）

（三）建筑物各层标高的引测

建筑物各层标高的引测是施工过程中的一项重要任务，它确保了各楼层在同一水平面上，从而使建筑物能够按照设计要求进行建造。以下是建筑物各层标高引测的基本步骤：

（1）准备工作：在开始引测前，需要准备好相关的测量工具，如水准仪、标尺、测量绳等。同时，要确保建筑物各层楼面的清洁，以减少测量误差。

（2）水准点的确定：选择一个稳定的水准点，通常是建筑物的底层或基础层。在这个水准点上，使用水准仪进行高程测量，并以此为起点进行引测，如图 6-40 所示。水准点应设于坚实、不下沉、不碰动的地物上或永久性建筑物的牢固处。也可设置于外加保护的深埋木桩或混凝土桩上，并做出明显标志。

（3）架设仪器：将标高引测仪放置在基准点上，调整水平仪确保仪器水平。然后，使用钢尺将所需楼层的高度传递到基准点，并标记出该楼层的高度。

（4）逐层引测：从水准点开始，使用测量绳和标尺逐层向上或向下引测。每一层的标高都需要与基准点进行比较，以确保各层之间的标高差符合设计要求。

①基础阶段：高程测量直接用水准仪由地面上高程控制点进行引测。要注意标高的控制，注意不要超挖，基槽较深就要一步一步传递，可在基坑边上测出标高，这样每次可从此位置用钢尺检查，如图 6-41 所示。

②主体阶段：结构施工时，在首层施工完成后，将高程控制点引至外壁无遮挡的柱身上，或在楼梯间，随着结构上升，用钢卷尺将高程向上传递。每砌高一层，就从楼梯间用钢尺从下层的"+0.500m"标高线，向上量出层高，测出上一层的"+0.500m"标高线。这样用钢尺逐层向上引测。

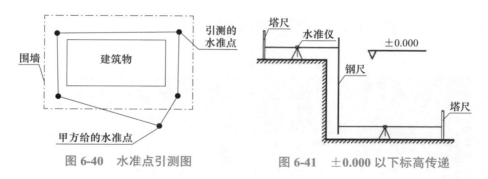

图 6-40 水准点引测图 图 6-41 ±0.000 以下标高传递

（5）误差的调整：如果发现有误差存在，需要及时进行调整。对于误差较小的情况，可以通过调整仪器或重新引测来解决；对于误差较大的情况，可能需要重新进行施工或者修正。

（6）数据的记录：在每一层进行标高引测时，需要详细记录测量数据。

（7）质量把控：在整个标高引测和调整过程中，需要严格把控质量关。对每个环节进行认真检查和验收，确保每一步工作的准确性和可靠性。

（四）建筑物各层轴线、控制线的引测

在乡村房屋建设过程中，为保证建筑物轴线位置正确，可用吊锤球或经纬仪将轴线投测到各层楼板边缘或柱顶上，再根据轴线引测构件边线和控制线。

1. 吊锤球引测

将较重的锤球悬吊在楼板或柱顶边缘，当锤球尖对准基础墙面上的轴线标志时，线在楼板或柱顶边缘的位置即为楼层轴线端点位置，并画出标志线，如图 6-42 所示。各轴线的端点投测完后，用钢尺检核各轴线的间距，符合要求后，继续施工，并把轴线逐层自下向上传递。

【小贴士】吊锤球法简便易行，不受施工场地限制，一般能保证施工质量。但当有风或建筑物较高时，其投测误差较大，应采用经纬仪投测法。

2. 经纬仪引测

在轴线控制桩上安置经纬仪，整平后，瞄准基础墙面上的轴线标志，用盘左、盘右分中投点法，将轴线投测到楼层边缘或柱顶上，如图 6-43 所示。将所有端点投测到楼板上之后，用钢尺检核间距，相对误差不得大于 1/2000。检查合格后，方可在

楼板分间弹线，继续施工。

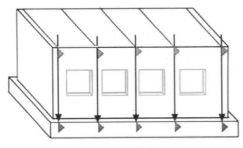

图 6-42 吊锤球引测轴线

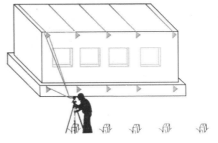

图 6-43 经纬仪引测轴线

第一节　加工制作

（一）模板对拉螺栓的安装

1. 对拉螺栓的选用

乡村建设工程施工中，模板可用对拉螺栓固定，常用对拉螺栓类型如下：

（1）全丝杠对拉螺栓是一根螺纹丝杠和两个紧固螺母组成，这种对拉螺栓一般用在无防水要求的墙体、柱子，如图 7-1 所示。

（2）三段式止水对拉螺栓是一种新型的止水螺栓，适用于有防水要求的钢筋混凝土墙体，如地下室外墙（剪力墙）防水混凝土工程。三段式止水对拉螺栓的内杆带止水片，留在墙体里面起到止水的作用；内杆和外杆通过连接套筒连接，外杆可以重复周转使用，如图 7-2 所示。

图 7-1　全丝杠对拉螺栓

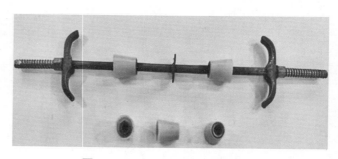

图 7-2　三段式止水对拉螺栓

（3）三段式对拉螺栓（非止水），这种对拉螺栓跟止水对拉螺栓有一点区别，就是内杆没有止水片，其他地方都一样，是由一根中间螺杆连接两根对称的端螺杆组成，端螺杆设有紧固螺纹并配紧固螺母。

2. 对拉螺栓的安装

（1）连接位置的确定：根据项目要求，确定对拉螺栓的连接位置。使用标记工具标记连接点，以确保螺栓准确安装，如图 7-3 所示。

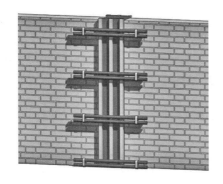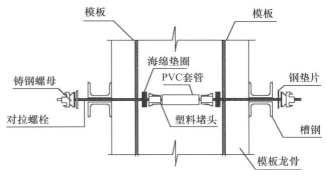

图 7-3　对拉螺栓的安装

（2）穿透孔洞：使用适当大小的钻头，为对拉螺栓的安装进行钻孔。确保孔洞的直径适合所选螺栓，以确保螺栓可以牢固地连接。

（3）垫圈和螺母的安装：将对拉螺栓穿透孔洞后，将垫圈和螺母放在螺栓的一端。垫圈通常放在螺栓的底部，而螺母则固定在螺栓的上端。

（4）将螺栓插入孔洞：将对拉螺栓的帽头插入孔洞，确保螺栓底部与垫圈紧密贴合。根据需要，可以使用橡胶锤或其他工具将螺栓轻轻击入孔洞中，以确保其牢固地固定。

（5）拧紧螺母：使用适当的扳手或工具将螺母拧紧，确保连接紧固。

（6）检查连接：检查对拉螺栓连接是否坚固，是否松动或松脱。确保螺栓和螺母都被正确地安装和紧固。

（二）架体龙骨的制作

架体龙骨是指安装在模板背后的主、次背楞。

1. 材料准备

木模板支撑体系标准构件规格见表 7-1。

木模板支撑体系标准构件规格　　　　　　　　　　　　　　　　　表 7-1

部位	材料	规格	备注
模板	镀膜多层黑模板	18mm	

部位	材料	规格	备注
主楞	钢管	管径 48.3mm，壁厚 3.6mm	
次楞	木方	50mm×90mm、50mm×100mm	
对拉螺栓	套丝螺纹钢	管径 12mm、14mm	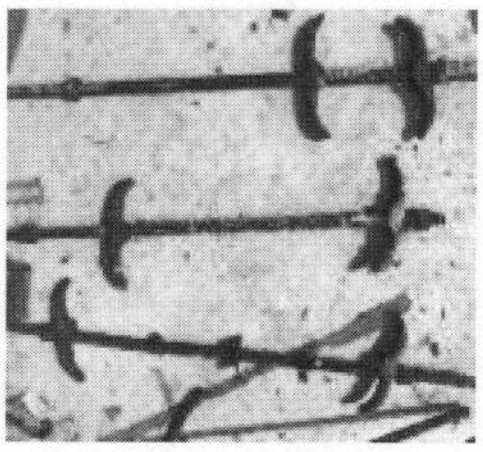
支撑架	钢管	管径 48.3mm，壁厚 3.6mm	
扣件	直角扣、旋转扣、对接扣	铸铁	
可调底座	镀锌丝杠	管径：48mm，丝杠尺寸：30mm×650mm、30mm×700mm	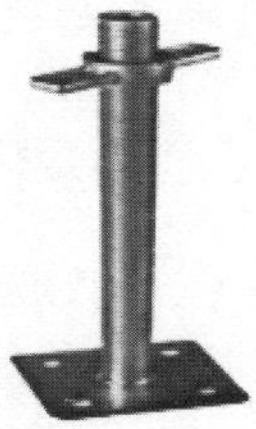
可调顶托	镀锌丝杠	管径：48mm，丝杠尺寸：30mm×650mm、30mm×700mm	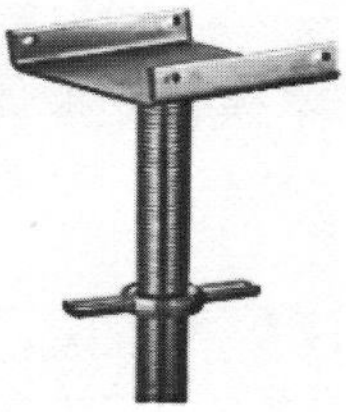

2. 主要施工机具的准备

制作架体龙骨常用的机具，如图 7-4 所示。

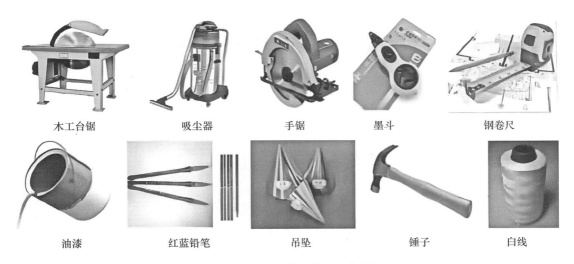

| 木工台锯 | 吸尘器 | 手锯 | 墨斗 | 钢卷尺 |

| 油漆 | 红蓝铅笔 | 吊坠 | 锤子 | 白线 |

图 7-4　制作架体龙骨常用机具

3. 柱模板龙骨的制作

柱宽小于 600mm 时，柱箍水平向用双钢管"井"字形布置，采用扣件或对拉螺栓抱箍抱紧，纵向次楞（次龙骨）木方立放，间距不大于 200mm，且边部背楞与柱模边缘齐平，梁柱交接点处木方顶至梁底，远端顶至板底，如图 7-5 所示。

柱模板角部方木应相互交错放置，为防止柱角漏浆，1 号方木（次龙骨）应盖住模板缝隙，2 号方木（次龙骨）盖住 1 号方木与模板间缝隙，如图 7-6 所示。

柱龙骨的制作安装过程扫码观看视频 7-1。

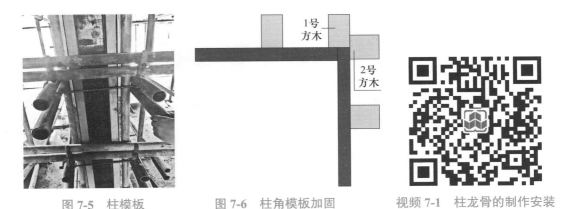

图 7-5　柱模板　　　　图 7-6　柱角模板加固　　　　视频 7-1　柱龙骨的制作安装

4. 梁模板龙骨的制作

梁底次龙骨木方间距一般不大于 200mm，梁宽范围内至少设置两道木方，主龙骨可采用钢管和扣件搭设，垂直于次龙骨搭设，间距不大于 600mm。

1）材料准备

木龙骨常见材料有木方、钢管。其中，木方一般选用优质的松木、杉木、樟木等。

2）尺寸规格确认

木龙骨的尺寸规格一般按照设计图纸来确定，主要包括纵向长度、截面尺寸等。在确认尺寸规格时需要根据实际情况进行确定，确保龙骨制作的精确无误。梁模板木龙骨尺寸常用 50mm×90mm、50mm×100mm。

3）切割加工

在确认好木龙骨的规格和材料后，需要使用相应的加工工具对木材进行切割、修整等操作，以便制作出符合设计要求的木龙骨。

4）安装固定

制作好的木龙骨需要按照设计要求进行安装固定，主要包括用钉固定、螺栓固定等方式。在安装过程中需要注意木龙骨的水平度和垂直度，以便保证其稳定性和使用效果。

5. 楼板模板龙骨制作

板底模板次龙骨木方间距一般为 400~500mm，且搭接位置不得设置于板缝处，木方要求到边到角。主龙骨一般采用钢管和扣件搭设，也可用木方搭设，主龙骨垂直于次龙骨，间距不大于 600~800mm，主龙骨下设置钢管顶撑，如图 7-7（a）、（b）所示。

（a）楼板模板正面　　　　　　　　　　　（b）楼板模板背面

图 7-7　楼板模板安装

第二节　现场施工

（一）复杂结构木模板的安装及固定

1. 坡屋面结构木模板的安装及固定

1）施工准备

（1）主要机具及材料的准备

① 木胶合板（1830mm×915mm，厚度为 16mm）。

② 方木、木楔、支撑（木或钢）、钢丝（12～14 号）、隔离剂等。

③ 主要机具：电钻、扳手、钳子、电圆锯。

④ ϕ48.3×3.6mm 钢管、扣件（直接扣件、旋转扣件、十字扣件）、顶托。

（2）作业条件的准备

① 模板按梁、板进行编号，并涂刷好水性隔离剂，分规格堆放。

② 外防护架已搭设到位。

③ 弹好屋面轴线，弹出屋面轴线偏 300mm 的支模辅助线，并清除干净墙身部位杂物。所有线已经验收。

2）模板的安装固定

（1）工艺流程：确定檐口及屋脊底标高→搭设满堂支撑架→安装主次梁底模板及侧板→安装坡屋面木模板→检查校正→加固。

（2）首先根据檐口标高及屋脊标高，计算出屋顶模板坡度。

（3）满堂架搭设前，先在顶层楼面上预先放出梁边线及坡屋面屋脊及阴角线（整个坡屋面水平投影线）。搭架时先立好高点及低点立杆和水平杆，两点间其他立杆拉线补充。

（4）根据坡屋面控制线，拉通线搭设满堂脚手架，脚手架下要垫木板，在脚手架顶部沿屋脊平行方向铺设主龙骨，主龙骨间距为 600～800mm。在主龙骨上沿屋脊垂直方向铺设次龙骨，次龙骨间距为 200～300mm。

（5）在次龙骨上铺设模板，当板跨≥4m 时，模板应按板跨的 1～3‰ 起拱，模板拼缝要严密、平整，如图 7-8 所示。

（6）技术措施：支撑要有足够的强度和刚度，支柱下应垫木板，支撑扣件要拧牢，防止下沉。模板安装、梁底模要通线调平，侧模要加固牢，靠竖向垂直，板底模龙骨要厚薄一致，表面平整，线条侧面顺直。

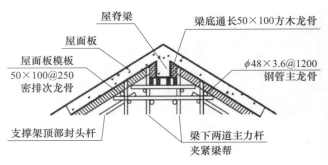

图 7-8　模板及支撑

3）施工安全要求

（1）坡屋面施工时，板模板上应用木条钉做防滑条，间距不大于 300mm。高空作业必须挂好安全带。

（2）工匠应严格使用"三宝"，对"四口五临边"必须设栏杆或盖板加强防护。

（3）内外脚手架的搭设应严格按规范要求进行搭设，各类架子的搭设必须拉结牢固，外架外侧和底部用密目安全网和竹笆搭兜网实行全封闭，防止物件坠落伤人。

2. 有弧度造型结构木模板安装及固定

1）材料准备

（1）选用优质木材，如橡木、松木等，确保其具有足够的强度和耐久性。

（2）准备所需的连接件，如螺钉、钉子、螺栓等。

（3）准备测量工具，如卷尺、直尺、水平仪等。

（4）准备防护设备，如手套、安全帽等。

2）模板设计

（1）根据施工图纸，设计出所需模板的形状和尺寸。

（2）考虑施工的实际情况，确定合理的圆弧半径和模板厚度。

（3）在设计时，应尽量减少模板拼接的数量和接缝，以保证造型的完整性和美观性。

3）模板制作

（1）根据设计图纸，使用切割机将木材切割成所需的弧度形状，如图 7-9 所示。

（2）使用木工刨或砂纸机将木材表面处理平滑，防止在使用过程中划伤施工人员或影响模板的稳定性。

（3）使用电钻在模板上钻孔，以便安装连接件。

图 7-9　有弧度造型模板

4）模板安装及固定

（1）在安装前，应先对施工面进行清理，确保表面无灰尘、油污或其他杂质。

（2）使用测量工具确定所需的安装位置和高度，并做好标记。

（3）将模板放置在标记位置，使用水平仪确保模板水平。

（4）使用连接件将模板固定在施工面上，确保连接牢固。

（5）在安装过程中，应随时检查模板的平整度和弧度是否符合要求，如有偏差应及时调整。

（6）在固定模板后，应再次检查所有的连接件是否牢固，防止在浇筑混凝土时发生位移或变形。

5）安全注意事项

（1）在安装和固定模板时，必须佩戴防护设备，如手套、安全帽等。

（2）使用钻孔机等高风险设备时，应避免受伤。

（3）在安装过程中，应注意避免模板掉落或滑动，以免造成人员伤亡或财产损失。

（4）在浇筑混凝土时，应注意观察模板，防止模板受到过大的压力或冲击力而损坏。

3. 旋转楼梯模板的安装及固定

1）施工前准备

（1）确认旋转楼梯的尺寸和位置，以及与周围环境的关系。

（2）准备所需的工具和材料，包括楼梯模板、支撑和固定装置等。

（3）确定安装人员的安全措施，如佩戴安全帽、手套等。

2）安装步骤

（1）根据施工图纸找出圆心的位置，然后以圆心至内外弧的距离为半径，在地面弹出两条半圆弧作为旋转楼梯的水平投影线，也就是基准线。

（2）根据图纸给的角度，利用放在圆心的经纬仪，在外圆弧上分出每个踏步和休息平台的宽度，定出分隔点。

（3）在楼梯口上方固定一根木方，在木方中间定出一个点，使这点与地面中心的圆心点重合。利用此两点挂线，并在此线上划出每个踏步的高度尺寸，建立中垂线。这样，踏步的垂直和水平两个方向的尺寸都受到控制。

（4）按照梯段板厚度、下反尺寸，定出梯段底板线，也就是每个踏步反出一个点，再将各点相连，就组成了楼梯底段板的底线。

（5）按照楼梯蹬角位置放置立杆，立杆上放可调U形顶托（顶丝），用扣件将横杆与立杆连接，然后扣件连接内圆与外圆的弧形钢管（也可使用短钢管拼接）。

（6）在弧形钢管上铺设配制好的楼梯底模板，楼梯底模板选用木胶合板模板，木方子做次楞，每铺一块梯底模板，根据内外圆梯底标高示意图调整顶丝高度，定出相应标高，如图7-10所示。

（a）旋转楼梯底模板正面 （b）旋转楼梯底模板背面

图7-10　旋转楼梯底模板制作

（7）梯底模板固定好后，支梯侧模板，梯侧模板可选用较薄一点的木胶板模板，木方做次楞，找正加固后绑扎钢筋。

（8）支内外圆底模板和侧模板，绑扎楼梯钢筋。

（9）相应位置钉楼梯踏步侧模板，浇筑混凝土。如图7-11所示。

3）固定方法

（1）使用支撑杆和固定装置将楼梯模板固定在合适的位置。可以根据实际情况选择合适的支撑杆类型和数量。

（2）对于每一级楼梯模板，都需要使用支撑杆进行固定，确保其稳定性和牢固性。

（3）在安装过程中，随时检查支撑杆和固定装置是否牢固，如有松动或脱落现象，应立即处理。

图 7-11　旋转楼梯模板

（4）在完成安装后，再次检查支撑杆和固定装置是否牢固，确保旋转楼梯的安全性。

4）常见问题及解决方法

（1）支撑杆不牢固：可能是由于支撑杆的安装位置或角度不正确，或者固定装置未紧固。解决方法是重新调整支撑杆的位置或角度，确保其与楼梯模板贴合紧密，同时紧固固定装置。

（2）楼梯模板变形：可能是由于材料质量问题或安装工艺不当。解决方法是更换质量更好的材料，或者重新进行安装，确保楼梯模板的平整度和垂直度。

（3）楼梯表面不平整：可能是由于安装过程中未进行及时调整和修复。解决方法是重新调整楼梯模板的平整度和垂直度，确保其符合户主要求。

（二）模板架体的起拱

模板架体的起拱是指对跨度 ≥ 4m 的现浇钢筋混凝土梁、板，其模板应按设计要求起拱。当设计无具体要求时，起拱高度宜为跨度的 1/1000～3/1000，如图 7-12 所示。

图 7-12　梁底模板起拱

模板架体起拱具体实施如下：

（1）在模板设计阶段，应考虑模板架体的起拱。在模板施工图中应明确标注起拱的高度和形状，这样可以让工匠能够按照设计要求进行起拱操作。

（2）安装梁、板底模板时，先按起拱高度，立跨中立柱和支座处立杆，调整各支柱的标高，并拉线找直。主次梁交接时，先主梁起拱，后次梁起拱。悬挑梁均需在悬臂端起拱 0.6‰。

（3）在安装模板时，应将模板放置在背楞上，并将其固定好。

（4）在浇筑混凝土前，要对模板进行仔细的检查和校正。要确保模板的平整度和稳定性，同时要检查起拱的高度和形状是否符合设计要求。如果发现有问题，要及时进行调整和处理。

（5）在浇筑混凝土时，要注意不要让混凝土直接冲击模板，以免影响起拱的效果。同时，要控制好混凝土的浇筑速度和振捣时间，以免对模板造成过大的压力。

（6）在拆除模板时，要按照规定的顺序进行。要先拆除固定件和螺栓，然后慢慢将模板从架体上移开。

（7）在使用过程中，要定期对模板进行检查和维护。如果发现有变形或损坏的模板，要及时进行更换或修复。

（三）碗扣式脚手架的搭设和拆除

1. 主要构配件的选用

（1）碗扣节点构成：由上碗扣、下碗扣、立杆、横杆接头和限位销组成，如图 7-13 所示。

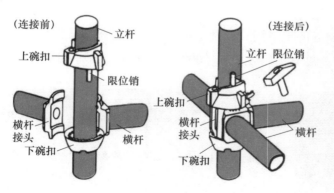

图 7-13　碗扣节点构成

（2）碗扣架用钢管规格为 $\phi48×3.5mm$，钢管壁厚不得小于 3.5mm。

（3）上碗扣、可调底座及可调托撑螺母应采用可锻铸铁或铸钢制造，下碗扣、横杆接头、斜杆接头应采用碳素铸钢制造。

（4）立杆连接外套管壁厚不得小于 3.5mm，内径不大于 50mm，外套管长度不得小于 160mm，外伸长度不小于 110mm。

（5）立杆上的上碗扣应能上下串动和灵活转动，不得有卡滞现象；杆件最上端应有防止上碗扣脱落的措施。

（6）立杆与立杆连接的连接孔处应能插入 ϕ12 连接销。

（7）在碗扣节点上可同时安装 1～4 个横杆，上碗扣均应能锁紧。

（8）构配件外观质量要求：

① 钢管应无裂纹、凹陷、锈蚀，不得采用接长钢管。

② 铸造件表面应光整，不得有砂眼、缩孔、裂纹、浇冒口残余等缺陷，表面应清除干净。

③ 冲压件不得有毛刺、裂纹、氧化皮等缺陷。

④ 各焊缝应饱满，焊药清除干净，不得有未焊透、夹砂、咬肉、裂纹等缺陷。

⑤ 构配件防锈漆涂层均匀、牢固。

⑥ 主要构配件上的生产厂家标识应清晰。

（9）可调底座及可调托撑丝杠与螺母啮合长度不得少于 4～5 扣，插入立杆内的长度不得小于 150mm。

2. 碗扣式脚手架的搭设与拆除

1）准备工作

（1）脚手架施工前，必须制订施工计划，保证其技术可靠和使用安全。

（2）脚手架搭设前，带头工匠应按脚手架施工计划的要求对工匠进行技术交底。

（3）对进入现场的脚手架构配件，使用前应对其质量进行复检。

（4）构配件应按品种、规格分类放置在堆料区内或码放在专用架上，清点好数量备用。

2）地基与基础处理

（1）脚手架基础必须进行硬化处理。

（2）当地基高低差较大时，可利用立杆 0.6m 节点位差进行调整。

（3）土层地基上的立杆应采用可调底座和垫板。

（4）脚手架立杆基础验收合格后，应进行放线定位。

3）双排脚手架搭设与拆除

（1）底座和垫板应准确地放置在定位线上；垫板宜采用长度不少于立杆二跨、厚度不小于 50mm 的木板；底座的轴心线应与地面垂直，如图 7-14、图 7-15 所示。

（2）双排脚手架应按立杆、横杆、斜杆、连墙件的顺序逐层搭设。

① 搭设立杆：将立杆逐个插入底座，形成完整的支撑结构。对立杆进行固定和调整，确保其垂直度和稳定性。

图 7-14　底座

图 7-15　底座和垫板

②搭设横杆和斜杆：在立杆上方安装横杆和斜杆，构成脚手架的框架。根据需要，可采用不同的长度和规格的横杆和斜杆，如图 7-16 所示。

图 7-16　横杆和斜杆

③安装支撑和固定件：在需要搭设支撑的部位安装支撑和固定件，以确保脚手架的稳定性和承重能力。

④铺设脚手板和安全网：在脚手架的横杆上铺设脚手板，为工匠提供行走和作业的平台。同时，在脚手架的四周铺设安全网，防止人员和物品从高处坠落。

（3）双排脚手架的搭设应分阶段进行，每段搭设后必须经检查验收合格后，方可投入使用。

（4）双排脚手架的搭设应与建筑物的施工同步上升，并应高于作业面约 1.5m。

（5）农房建设搭的双排脚手架高度小于 30m，垂直度偏差应小于或等于 $H/500$（H 指脚手架的搭设高度）。

（6）连墙件必须随着双排脚手架的升高及时在规定的位置处设置，严禁任意拆除。

（7）作业层设置的规定

①脚手板必须铺满、铺实，外侧应设 180mm 挡脚板及 1200mm 高两道防护栏杆。

②防护栏杆应在立杆 0.6m 和 1.2m 的碗扣接头处搭设两道，如图 7-17 所示。

③作业层下部的水平安全网设置应符合规定。

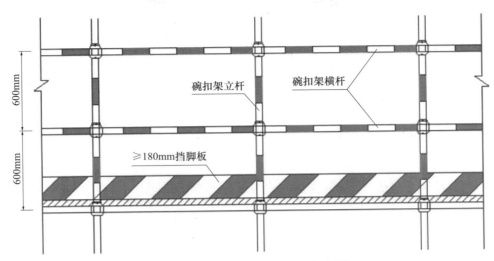

图 7-17　作业层安全防护栏杆设置

（8）双排脚手架拆除

①拆除作业前，施工管理人员应对操作人员进行安全技术交底。

②双排脚手架拆除时必须划出安全区，并设置警戒标志，派专人看守。

③拆除前应清理脚手架上的器具及多余的材料和杂物。

④拆除作业应从顶层开始，逐层向下进行，严禁上下层同时拆除。

⑤连墙件必须在双排脚手架拆到该层时方可拆除，严禁提前拆除。

⑥拆除的构配件应采用起重设备吊运或人工传递到地面，严禁抛掷。

⑦拆除的构配件应分类堆放，以便于运输、维护和保管。

4）模板支撑架的搭设与拆除

（1）模板支撑架的搭设应按专项施工方案，在专人指挥下统一进行。

（2）应按施工方案弹线定位，放置底座后应分别按先立杆后横杆再斜杆的顺序搭设。

（3）在多层楼板上连续设置模板支撑架时，应保证上下层支撑立杆在同一轴线上。

5）使用和维护

在使用过程中，应定期检查脚手架的稳定性和承重能力，及时修复或更换损坏的部件。同时，应注意安全操作，遵守相关规定和标准。

（四）承插式脚手架的搭设和拆除

承插式脚手架有三类：盘扣式脚手架、轮扣式脚手架和插槽式脚手架。这里主要介绍常用的盘扣式脚手架，如图 7-18 所示。盘扣节点由焊接于立杆上的连接盘、水平杆杆端扣接头和斜杆杆端扣接头组成。

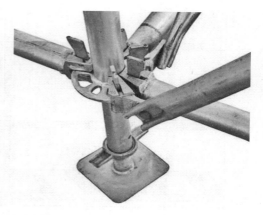

图 7-18　盘扣脚手架

1. 主要部件的选用

盘扣式脚手架的部件主要包括立杆、横杆、斜杆、可调底座、起始杆（标准基座）、可调顶托等。

1）立杆

立杆为主要承力构件，每隔 500mm 焊接一组圆盘；规格：长度：1000mm、1500mm、2000mm、2500mm、3000mm；外径：48mm，壁厚：3.2mm，如图 7-19 所示。

2）横杆

横杆两端焊有横杆铸头，并配置销板，用于与立杆圆盘相扣接，使得架体得以向外延伸。规格：长度：600mm、900mm、1200mm、1500mm，外径：48mm，壁厚：2.5mm，如图 7-20 所示。

3）斜杆

斜杆作用于在竖向固定立杆，防止变形，增加架体整体刚度。外径：48mm，壁厚：3.2mm，如图 7-19 所示。

4）可调底座

可调底座用于调节架体底部高度。规格：长度：500mm、600mm；外径：38mm，壁厚：5mm，如图 7-21 所示。

5）起始杆（标准基座）

起始杆（标准基座）作为架体搭设起步之用。规格：长度：200mm；外径：48mm，壁厚：3.2mm。

6）可调顶托

可调顶托用于调节架体顶部高度。规格：长度：500mm、600mm；外径：38mm，壁厚：5mm，如图 7-22 所示。

图 7-19　斜杆与立杆　　　图 7-20　横杆　　　图 7-21　可调底座　　图 7-22　可调
顶托

2. 搭设与拆除

1）施工准备

（1）模板支架及脚手架搭设前，带头工匠应按要求对操作人员进行技术和安全作业交底。

（2）进入施工现场的钢管支架及构配件质量应在使用前进行复检。

（3）经验收合格的构配件应按品种、规格分类码放，并应标挂数量、规格、铭牌备用。构配件堆放场地应排水畅通、无积水。

（4）模板支架及脚手架搭设场地必须平整、坚实，有排水措施。

2）地基与基础

（1）模板支架与脚手架基础应按专项施工方案进行施工，并应按要求进行验收。

（2）土层地基上的立杆应采用可调底座和垫板，垫板的长度不宜少于 2 跨。

（3）当地基高差较大时，可利用立杆 0.5m 节点位差配合可调底座进行调整。

（4）模板支架及脚手架应在地基基础验收合格后搭设。

3）模板支架搭设与拆除

（1）模板支架立杆搭设位置应按专项施工方案放线确定。

（2）模板支架搭设应根据立杆放置可调底座，应按先立杆后水平杆再斜杆的顺序搭设，形成基本的架体单元，应以此扩展搭设成整体支架体系。

① 测量放线，确定可调底座安放位置，如图 7-23 所示。

② 按放线位置准确放置可调底座，并将可调螺母调节在同一水平面上，如图 7-24 所示。可调底座和土层基础上垫板应准确放置在定位线上，保持水平。垫板应平整、无翘曲，不得采用已开裂垫板。

③ 安装起步杆，起步杆下缘要完全置入可调螺母受力平面的凹槽内，如图 7-25 所示。

④ 安装扫地杆，扫地杆离地面的高度不应大于 550mm，并进行水平调节，如图 7-26 所示。

⑤ 将立杆的长端插入起步杆的套管内，以检查孔位置查看立杆是否插至套筒底

部，如图 7-27 所示。

⑥ 安装第二层横杆，如图 7-28 所示。

⑦ 安装第一层斜杆，将斜杆全部按顺时针或者全部按逆时针的方向组搭，如图 7-29 所示。

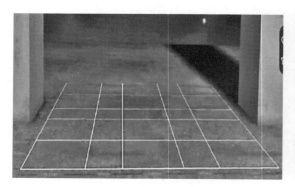

图 7-23　测量放线

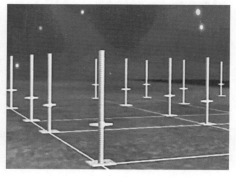

图 7-24　可调底座

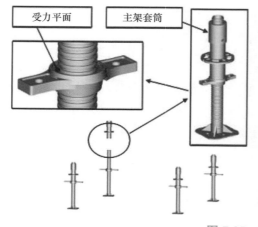

图 7-25　安装起步杆

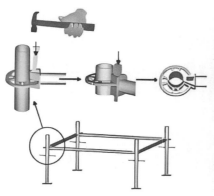

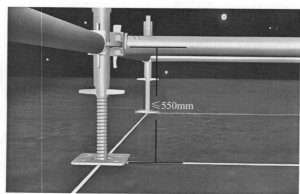

图 7-26　安装扫地杆

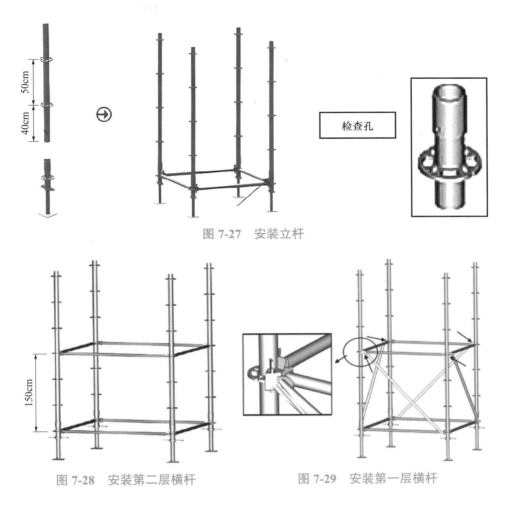

图 7-27　安装立杆

图 7-28　安装第二层横杆　　　　图 7-29　安装第一层横杆

⑧ 安装第三层横杆，如图 7-30 所示。

⑨ 安装第二层斜杆，按第一层相同的方向安装斜杆，如图 7-31 所示。

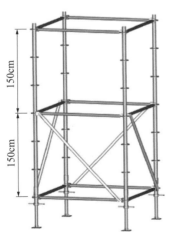

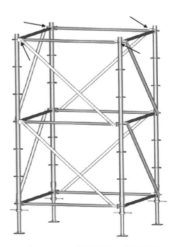

图 7-30　安装第三层横杆　　　　图 7-31　安装第二层斜杆

⑩ 安装 U 形顶托，可调托座伸出顶层水平杆的悬臂长度严禁超过 650mm，丝杠外露长度严禁超过 400mm，插入立杆的长度不得小于 150mm，如图 7-32 所示。

盘扣式脚手架搭设过程可扫描二维码观看视频 7-2。

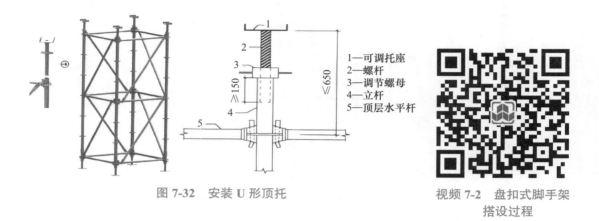

1—可调托座
2—螺杆
3—调节螺母
4—立杆
5—顶层水平杆

图 7-32　安装 U 形顶托

视频 7-2　盘扣式脚手架
搭设过程

（3）立杆应通过立杆连接套管连接，在同一水平高度内相邻立杆连接套管接头的位置宜错开，且错开高度不宜小于 75mm。

（4）水平杆扣接头与连接盘的插销应用铁锤击紧至规定插入深度的刻度线。

（5）每搭完一步支模架后，应及时校正水平杆步距，立杆的纵、横距，立杆的垂直偏差和水平杆的水平偏差。立杆的垂直偏差不应大于模板支架总高度的 1/500，且不得大于 50mm。

（6）在多层楼板上连续设置模板支架时，应保证上下层支撑立杆在同一轴线上。

（7）混凝土浇筑前，工匠应组织对搭设的支架进行验收，并应确认符合要求后浇筑混凝土。

（8）拆除作业应按先搭后拆、后搭先拆的原则，从顶层开始，逐层向下进行，严禁上下层同时拆除，严禁抛掷。

（9）分段、分立面拆除时，应确定分界处的技术处理方案，并应保证分段后架体稳定。

4）双排外脚手架搭设与拆除

（1）脚手架立杆应定位准确，并应配合施工进度搭设，一次搭设高度不应超过相邻连墙件以上两步。

（2）连墙件应随脚手架高度上升在规定位置处设置，不得任意拆除。

（3）作业层设置要求：

① 应满铺脚手板。

② 外侧应设挡脚板和防护栏杆，防护栏杆可在每层作业面立杆的 0.5m 和 1.0m 的盘扣节点处布置上、中两道水平杆，并应在外侧满挂密目安全网。

③作业层与主体结构间的空隙应设置内侧防护网。

（4）连墙件、斜杆应与脚手架同步搭设。

（5）当脚手架搭设至顶层时，外侧防护栏杆高出顶层作业层的高度不应小于1500mm。

（6）脚手架拆除时应划出安全区，设置警戒标志，派专人看管。

（7）拆除前应清理脚手架上的器具、多余的材料和杂物。

（8）脚手架拆除应按后装先拆、先装后拆的原则进行，严禁上下同时作业。连墙件应随脚手架逐层拆除，分段拆除的高度差不应大于两步。如因作业条件限制，出现高度差大于两步时，应增设连墙件加固。

3. 检查与验收

1）对进入现场的钢管支架构配件的检查与验收规定

（1）应有钢管支架产品标识及产品质量合格证。

（2）应有钢管支架产品主要技术参数及产品使用说明书。

（3）当对支架质量有疑问时，应进行质量抽检和试验。

2）模板支架应根据情况按进度分阶段进行检查和验收

（1）基础完工后及模板支架搭设前。

（2）搭设高度达到设计高度后和混凝土浇筑前。

3）脚手架应根据情况按进度分阶段进行检查和验收

（1）基础完工后及脚手架搭设前。

（2）首段高度达到 6m 时。

（3）架体随施工进度逐层升高时。

（4）搭设高度达到设计高度后。

第八章 质量检查

第一节 质量检查

（一）复杂结构木模板的检查

1. 坡屋面结构木模板的检查

在施工过程中，必须加强对模板安装和固定措施的监督和检查，确保模板安装质量符合要求。

1）检查内容

（1）外观检查：首先检查木模板的外观，看是否有明显的破损、变形或者裂缝等情况；检查模板表面拼缝是否严密。

（2）尺寸检查：检查木模板的尺寸是否符合设计要求，确保大小、厚度等参数正确。

（3）坡度检查：检查模板是否按照设计要求坡度进行安装，包括模板形状、位置和角度等。

（4）连接点检查：特别注意检查木模板的连接点，确保连接牢固、无松动现象。

（5）固定检查：检查木模板与支撑结构的固定情况，确认螺栓、螺钉等固定件是否完好并紧固。检查支撑体系的强度和稳定性，确保模板在混凝土浇筑过程中不会发生变形或位移。

（6）板面平整度检查：检查木模板表面是否平整，不存在明显的凹凸不平情况。

2）检查方法

（1）观察法：通过观察模板的外观和质量，检查表面是否光滑、平整，无裂缝等。

（2）测量法：通过测量模板的尺寸、位置和角度等参数，判断模板是否符合要求。

（3）查资料法：查施工记录、验收报告等资料，了解模板安装过程和固定措施的情况。

3）检查结果处理

（1）对于检查中发现的问题，应立即采取措施进行整改，确保问题得到解决。

（2）对于无法立即解决的问题，应由带头工匠组织商定解决方案。

4）检查记录

在每次检查结束后，应详细记录检查的内容、方法、结果和处理情况，形成检查报告，以便存档和查阅。同时，应将检查报告提交给相关人员，以便对模板安装质量进行跟踪和控制。

2. 有弧度造型结构木模板的检查

1）检查流程

（1）准备工作：收集模板图纸、施工方案等相关资料，熟悉模板的结构特点和施工要求。准备检查工具，如测量尺、直尺、角尺等。

（2）外观检查：观察模板的表面是否平整、光滑，无明显的破损和裂纹。检查模板的弧度造型是否符合设计要求，线条流畅，无变形。

（3）尺寸检查：使用测量工具对模板的尺寸进行精确测量，包括长度、宽度、高度等。检查模板的尺寸是否符合设计要求和施工规范。

（4）安装检查：检查模板的安装是否牢固，连接件是否紧固。同时，检查模板与混凝土的接触面是否满足施工要求。

（5）拆卸与维修：在完成混凝土浇筑后，对模板进行拆卸，并检查是否有损坏或变形。对损坏或变形的模板进行维修或更换。

（6）记录与报告：对检查过程中发现的问题进行记录，并生成检查报告。报告应详细说明问题的类型、位置和解决方案。

2）检查标准

（1）模板表面应平整、光滑，无明显的破损和裂纹。

（2）模板的弧度造型应符合设计要求，线条流畅，无变形。

（3）模板的尺寸应符合要求，误差应在允许范围内。

（4）模板的安装应牢固，连接件紧固，满足施工要求。

（5）拆卸后的模板应进行维修或更换，确保不影响下一次使用。

（6）检查过程中发现的问题应详细记录，并及时生成报告，以便采取相应的措施进行处理。

（二）梁板模板架体的起拱检查

梁板模板架体的起拱检查主要是为了确保施工质量和安全，防止因起拱不规范导致结构性能下降或安全事故。通过检查，可以及时发现并纠正起拱不当的情况，从而保证建筑物的正常使用和安全性。

1. 确定检查内容

（1）起拱高度的检查：根据设计要求和规范规定，检查梁板模板架体的起拱高度是否符合要求。起拱高度应根据设计要求和规范具体确定。

（2）起拱均匀性的检查：梁板模板架体的起拱应均匀一致，避免出现局部凸起或凹陷。起拱不均匀会导致梁板受力不均，影响结构性能。

（3）支撑稳定性的检查：检查支撑体系是否稳定可靠，防止在起拱过程中出现支撑失稳的情况。对于采用可调支座的支撑体系，要检查支座是否牢固。

（4）模板平整度的检查：模板的平整度对起拱效果也有很大影响，要检查模板表面是否平整，无翘曲或变形现象。

（5）施工操作的检查：在起拱过程中，要检查施工操作是否规范，如支撑和模板的安装顺序等。

2. 选用检查方法

（1）使用测量工具进行实际测量：通过使用水准仪、钢尺等测量工具，对梁板模板架体的起拱高度进行实际测量，并与设计要求进行比较。

（2）观察和手摸检查：观察模板表面是否平整，用手触摸感知起拱是否均匀一致，同时可以借助光源照射进行观察，以发现潜在的问题。

（3）检查施工记录和日志：仔细查阅施工记录和日志，了解施工过程中的详细情况，包括支撑安装、模板调整、加载试验等环节。

（三）碗扣式脚手架的检查

1. 架体基础的检查

检查立杆基础是否按要求平整、夯实、硬化，是否采取排水措施，是否有积水。

2. 立杆底部的检查

检查立杆底部是否设置垫板和扫地杆。垫板长度宜采用长度不小于立杆2跨、宽度不小于200mm、厚度不小于50mm的木板；架体纵横向扫地杆底端高度不大于350mm，如图8-1所示。

3. 连墙杆的检查

检查连墙杆的设置、固定、与脚手架连接是否符合要求。

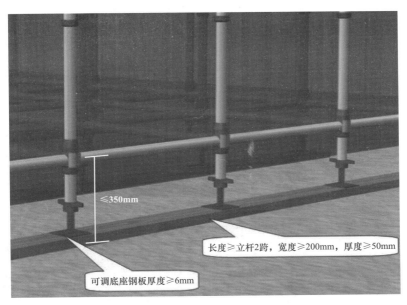

图 8-1　架体立杆基础布置

（1）每层连墙杆应在同一平面，其水平间距不应大于 4.5m。

（2）农房建设时，连墙件一般按三步三跨设置。

（3）连墙杆应设置在有横向横杆的碗扣节点处，当采用钢管扣件做连墙件时，连墙件应与立杆连接，连接点距碗扣节点距离不应大于 150mm。

（4）连墙杆应采用可承受拉、压荷载的刚性结构，连接应牢固可靠，如图 8-2 所示。

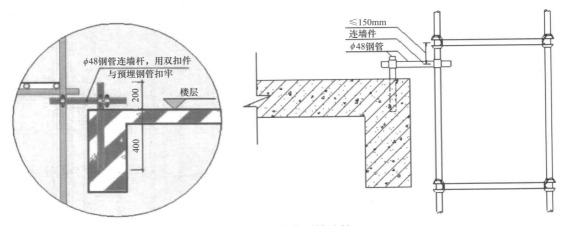

图 8-2　连墙件刚性连接

4. 杆件间距、步距的检查

（1）检查脚手架立杆间距是否满足要求。双排脚手架立杆横向间距宜选用 1.2m，立杆纵向间距可选择不同规格的系列尺寸。

（2）检查水平杆步距是否满足要求。模板支撑架应根据施工荷载组配横杆及选择步距，一般情况下每2～3个节点设置一道横杆，步距一般为1.2～1.8m，如图8-3所示。

5. 碗扣紧固的检查

检查架体组装及碗扣紧固是否符合规范要求。立杆上碗扣能否上下窜动、转动灵活，是否有卡滞现象，如图8-4所示。

图8-3　立杆间距与水平杆步距

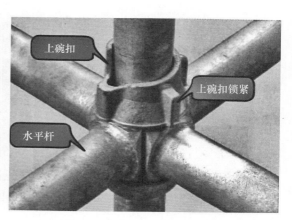

图8-4　立杆与水平杆节点

6. 脚手板铺设的检查

（1）检查脚手板材质、规格是否符合规范要求；脚手板是否铺设严密、平整、牢固，如图8-5所示。

（2）检查挂扣式钢脚手板的挂扣是否完全挂扣在水平杆上，挂钩是否处于锁住状态，如图8-6所示。

图8-5　脚手板铺设

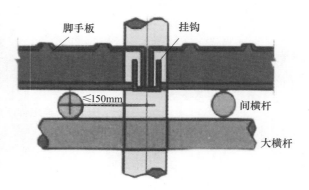

图8-6　脚手板挂接接头

7. 作业层防护栏杆的检查

（1）架体外侧是否采用密目式安全网进行封闭，网间连接应严密，如图8-7所示。

（2）作业层脚手板是否铺满、铺实，外侧应设高度不小于180mm挡脚板及1200mm高两道防护栏杆。

（3）防护栏杆应在立杆的0.6m和1.2m的碗扣接头处搭设两道。

（4）作业层脚手板下是否采用安全平网兜底，以下每隔10m应采用安全平网封闭，如图8-8所示。

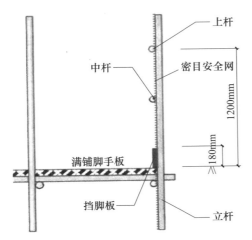

图8-7 脚手架架体防护搭设

图8-8 脚手架架体水平安全网搭设

（四）承插式脚手架的检查

1. 架体基础的检查

检查架体基础是否平整、夯实，并应采取排水措施防止积水浸泡，如图8-9所示。

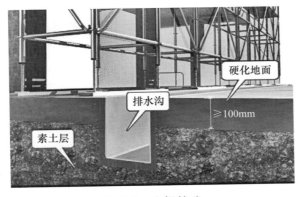

图8-9 立杆基础

2. 架体底部检查

检查立杆底部是否设垫板、底座、扫地杆。垫板长度不宜小于 2 跨，厚度不小于 50mm，宽度不小于 200mm。模板支架可调底座调节螺母离地高度不得大于 300mm，扫地杆的水平杆离地高度应不大于 550mm，如图 8-10 所示。

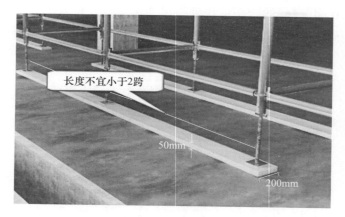
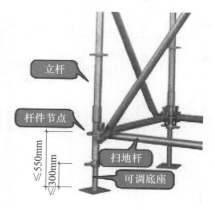

图 8-10　底部节点

3. 杆件盘扣节点检查

检查水平杆扣接头与连接盘的插销是否拧紧至规定插入深度的刻度线，如图 8-11、图 8-12 所示。

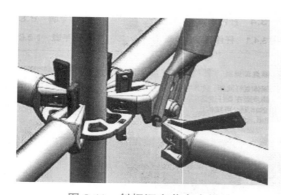

图 8-11　斜杆汇交节点大样　　　　图 8-12　水平杆汇交节点大样

4. 杆件间距、步距检查

双排脚手架搭设高度不大于 24m 时，可按构造要求搭设。水平杆步距宜选 2m，立杆纵距宜选 1.5m 或 1.8m，立杆横距宜选 0.9m 或 1.2m，如图 8-13 所示。

当双排脚手架的水平杆未设挂扣式脚手板时，应每 5 跨设置水平斜杆。

图 8-13　杆件间距、步距

5. 连墙件的检查

（1）连墙件应设置在有水平杆的盘扣节点旁，连接点至盘扣节点的距离不应大于300mm；采用钢管扣件作连墙杆时，连墙杆应采用直角扣件与立杆连接，如图 8-14所示。

图 8-14　连墙件的设置

（2）连墙件与脚手架立面及墙体应保持垂直，同一层连墙件宜在同一平面，水平间距不应大于 3 跨，与主体结构外侧面距离不宜大于 300mm，如图 8-15 所示。

（3）沿架体外侧纵向每 5 跨每层应设置一根竖向斜杆，端跨的横向每层应设置竖向斜杆，如图 8-16 所示。

（4）沿架体外侧纵向每 5 跨每层应设置剪刀撑，端跨的横向每层应设置竖向斜杆，如图 8-17 所示。

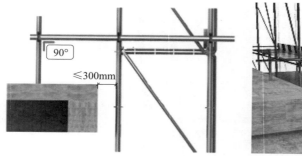

图 8-15 连墙件的检查点设置

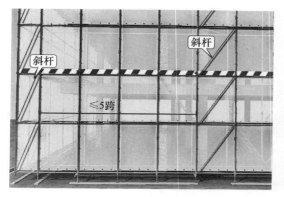

图 8-16 斜杆设置

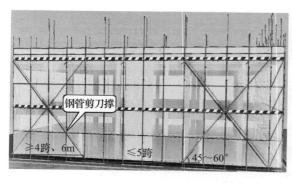

图 8-17 剪刀撑设置

6. 脚手板、防护栏杆的检查

（1）脚手板铺设应严密、平整、牢固，限定对接和搭接尺寸，防止脚手板倾翻或滑脱。

（2）作业层的脚手板架体外侧应设挡脚板，挡脚板的高度不应小于 180mm。

（3）作业层防护上栏杆宜设置在离作业层高度为 1200mm 处，防护中栏杆宜设置在离作业层高度为 600mm 处。

（4）架体外侧应采用密目式安全网封闭且网间连接应严密。

（5）作业层脚手板下应采用安全平网兜底，且作业层以下每隔 10m 应采用安全平网封闭。

第二节　质量问题处理

（一）复杂结构木模板的整改

对于复杂结构木模板的整改，需要注意多个方面的问题，包括模板的支撑、接缝、维护、保养、质量检查、安装、拆除、修复或更换等。同时，也需要注意安全问题，确保施工过程的安全性和规范性。

1. 坡屋面结构木模板的整改

对于坡屋面结构木模板的整改，可以参考以下步骤：

（1）复查问题：需要复查坡屋面结构木模板存在的问题。常见的坡屋面结构木模板问题包括模板变形、拼接不严、支撑不牢固等。可以采取观察、敲击、测量等方法进行检查。

（2）制定整改方案：根据复查结果，制定相应的整改办法。如果坡屋面结构木模板变形严重，可能需要更换新的模板；如果拼接不严，可以重新拼接；如果支撑不牢固，可以加固支撑。若是屋面坡度有问题，则需要调整支撑的高度。

（3）实施整改：根据整改办法实施。如果需要更换模板，需要准备好新的模板并进行安装；如果需要重新拼接，需要将模板拆下来并重新拼接；如果需要加固支撑，可以增加支撑点或更换更坚固的支撑材料。

（4）检查整改效果：整改完成后，再次进行检查，确保问题已经得到解决，没有遗漏。

（5）定期维护和预防措施：为了避免类似的问题再次发生，需要采取一些定期维护和预防措施。例如，可以定期检查模板的变形情况，及时进行维修或更换；可以定期对支撑结构进行检查和维护，确保其牢固可靠；可以定期对模板进行清理和保养，防止积尘和腐蚀。

（6）做好记录和资料整理：在整改过程中，需要做好记录和资料整理工作，以便后续查阅和处理。可以建立完善的档案管理制度，对整改过程中的各种记录和资料进行分类整理和归档保存，方便后续的查询和使用。

2. 有弧度造型结构木模板的整改

对于弧度造型结构木模板，在整改过程中，可以从以下几个方面进行考虑：

（1）强度整改：弧度造型结构木模板具有较高的强度，但在使用过程中，可能会因为过度使用或不当使用导致损坏。对于这种情况，可以进行维修或更换。维修时，可以采取补钉、加装支撑等方式增强模板的强度；更换时，可以更换损坏的模板部分或者整体更换为新的模板。

（2）模板安装整改：弧度造型结构木模板的安装需要按照一定的程序和规范进行，如果安装不当，会影响模板的使用效果。因此，在整改过程中，需要注意检查模板的安装情况，及时纠正安装不当的地方，确保模板安装牢固、稳定。

（3）模板支撑整改：弧度造型结构木模板需要使用支撑来固定，如果支撑不牢固或者不正确，会导致模板变形或者损坏。因此，在整改过程中，需要注意检查模板的支撑情况，及时调整支撑的高度、角度等参数，确保模板支撑牢固、稳定。

（4）模板清洁整改：弧度造型结构木模板在使用过程中，容易受到灰尘、污垢等污染，影响其使用效果和使用寿命。因此，在整改过程中，需要注意定期清洁模板，保持模板的清洁卫生，避免因污染导致模板损坏或者失效。

（5）模板维护和保养整改：弧度造型结构木模板需要定期进行维护和保养，以保证其使用效果和使用寿命。因此，在整改过程中，需要注意对模板进行定期的维护和保养，包括涂刷防护剂、检查支撑和固定件等，确保模板保持良好的使用状态。

（二）梁板模板架体起拱的整改

在梁板模板架体起拱检查过程中，如果发现起拱不规范或存在其他问题，需要及时采取整改措施。以下是一些常见的整改措施：

（1）调整支撑高度：如果起拱不均匀是由于支撑高度不合适引起的，可以调整支撑高度，使起拱达到均匀一致。

（2）重新安装模板：如果模板安装不当导致起拱不规范，可以重新安装模板，确保模板平整并与支撑紧密贴合。

（3）增加或减少加载物：通过增加或减少加载在梁板模板架体上的物体，可以调整起拱高度，使其满足设计要求。

（4）补强加固：对于起拱问题较为严重的部位，可以考虑采取补强加固措施，提高结构的安全性和稳定性。

（5）加强施工监控：对施工过程加强监控，确保施工操作符合规范和设计要求，防止出现不当的施工行为导致起拱问题。

（三）碗扣式脚手架的整改

1. 立杆间距的整改

（1）检查现有立杆间距：对现有的碗扣式脚手架立杆间距进行详细检查，确定哪些地方的间距不符合规定。

（2）分析原因：分析立杆间距不符合规定的原因，可能是施工过程中的误差或其他因素导致。

（3）制定整改方法：根据分析的原因，制定相应的整改方法。

（4）实施整改：按照整改方法进行实施，确保整改过程符合安全要求。如果需要调整立杆间距，应使用合适的工具和设备，避免对脚手架造成损坏。在立杆间距较大的部位重新增加立杆，增加的立杆要与原脚手架用水平杆件拉结。

（5）验收整改结果：整改完成后，对整改结果进行验收，确保立杆间距符合规定要求。同时，对整个脚手架的安全性进行评估，确保其能够承受施工过程中的各种荷载。

2. 水平杆步距的整改

（1）检查现有步距：对现有的碗扣式脚手架水平杆步距进行详细检查，确定哪些地方的步距不符合规定。

（2）分析原因：分析步距不符合规定的原因，可能是施工过程中的误差或其他因素导致。

（3）制定整改方法：根据分析的原因，制定相应的整改方案。如果是因为施工过程中的误差，可能需要调整施工方法或加强施工监督。整改方案需要确保步距控制在规定的范围内，通常是 1.8m 以内，以保证施工的安全和稳定性。

（4）实施整改：按照整改方法进行实施，确保整改过程符合安全要求。如果需要调整步距，可以通过增加或减少横向杆的数量，或者调整碗扣的位置来实现。同时，需要注意施工过程中的安全，避免对脚手架造成损坏或发生其他安全事故。

（5）验收整改结果：整改完成后，对整改结果进行验收，确保水平杆步距符合规定要求。同时，对整个脚手架的安全性进行评估，确保其能够承受施工过程中的各种荷载。

【小贴士】在整改过程中，需要注意以下几点：

（1）必须按照设计要求进行安装和整改，以确保脚手架的结构完整性和安全性。

（2）在安装过程中，必须注意保护脚手架的表面涂层和配件，以避免损坏或磨损。在安装过程中，必须确保所有的连接件和固定件都已正确安装，以确保脚手架的稳定性和承重能力。

（3）在整改过程中，必须对所有的部件进行检查和维修，以确保其符合设计要求和使用条件。

（4）在使用过程中，必须定期对脚手架进行维护和保养，以延长其使用寿命和确保其安全性能。

（四）承插式脚手架的整改

承插式脚手架的整改从以下几个方面进行：

1. 立杆间距的整改

（1）检查现有立杆间距：对现有的承插式脚手架立杆间距进行详细检查，了解哪些地方的间距不符合规定或安全要求。

（2）分析原因：分析立杆间距不符合规定的原因，可能是施工过程中的误差、材料使用不当或其他因素导致。

（3）制定整改方案：根据分析的原因，制定相应的整改方法。整改方法应该确保立杆间距在规定的范围内，以满足施工的安全和稳定性要求。可能包括调整立杆的位置、更换不合适的立杆、增加支撑结构等。

（4）实施整改：按照整改方法进行实施，确保整改过程符合安全要求。在整改过程中，使用合适的工具和设备，避免对脚手架造成进一步损坏。同时，需要注意施工过程中的安全，确保工人的人身安全。

（5）验收整改结果：整改完成后，对整改结果进行验收，确保立杆间距符合规定要求。同时，对整个脚手架的稳定性进行评估，确保其能够承受施工过程中的各种荷载。

2. 水平杆步距的整改

（1）安全评估：对现有的承插式脚手架进行安全评估，特别是针对水平杆步距部分。评估应涵盖步距的准确性和潜在的安全风险。

（2）制定整改方法：根据安全评估的结果，制定详细的整改方法。方法应包括整改的目标、具体步骤、所需材料、工具和人员，以及预计的完成时间。

（3）材料准备：确保拥有足够的合格材料和工具来执行整改工作。这可能包括新的水平杆、连接件等。

（4）实施整改：按照整改方法，逐步进行水平杆步距的调整。在调整过程中，务必遵循安全操作规程，采取必要的防护措施，确保工人的安全。

（5）检查与测试：整改完成后，进行全面的检查和测试。检查应包括对水平杆步距的准确测量，确保步距符合设计要求和相关标准。

木工（初级）

木工（中级）

木工（高级）

第九章　施工准备

第十章　测量放线

第十一章　工程施工

第十二章　质量验收

第九章 施工准备

第一节 作业条件准备

（一）施工现场安全隐患的识别

> 【小贴士】安全隐患是生产经营单位或施工人员违反安全生产法律、法规、标准、规程、安全生产管理规定等，可能导致不安全事件或事故发生，包括：物的不安全状态、人的不安全行为、管理上的缺陷。物的不安全状态包括：防护、保险、信号等装置缺乏或有缺陷；设备、设施、工具有缺陷等；人的不安全行为分为：操作错误、忽视安全；使用不安全设备；物体存放不当，冒险进入危险场所；机器运转时加油、修理、检查、调整、清扫等工作；忽视使用个人防护用品用具；不安全装束等；管理缺陷包括：责任制未落实；管理规章制度不完善；操作规程不规范；培训制度不完善等。

1. 劳动防护用品佩戴安全隐患识别

进入施工现场应全面做好劳动保护，应正确佩戴安全帽、系好安全带、戴防护手套、穿劳保鞋，如图9-1所示。

劳动防护用品隐患识别主要包括以下几个方面：

（1）安全帽：检查安全帽是否老化、破损或人为维修改造，是否符合现行国家标准，是否具有防砸、防穿刺等性能。帽带是否可靠，能否紧固好，是否与帽壳连接牢固，是否正确佩戴。

（2）护目镜：检查护目镜或安全眼镜的透明度，是否有划痕或模糊。检查护目镜的质量和完整性，是否有损坏。检查护目镜的紧固带是否可靠，是否能够固定好。

图 9-1　劳动防护安全用品的佩戴

（3）手套：检查手套的质量和完整性，是否有损坏。根据不同工种选择和佩戴合适的手套。

（4）劳保鞋：检查鞋子的质量，是否有损坏或磨损。根据不同工种选择和穿着合适的鞋子，防止滑倒、夹脚等问题。

（5）工作服：检查工作服或其他身体防护用品是否符合相关标准，是否有损坏或磨损。工作服衣袖不要卷起，不要敞开衣服，扣上扣子和拉上拉链，防止皮肤直接暴露危害。

2. 高处作业安全隐患识别

建筑高空作业的安全隐患主要有高处坠落风险和坠物伤人风险。

1）高处坠落风险

在高空作业中，高处坠落是最常见、最危险的隐患之一。人员从高处坠落可能导致严重的伤害甚至死亡，以下是对高处坠落的安全识别：

（1）检查是否做好"三宝四口"以及临边防护措施：在进行高空作业时，在做好个人安全防护的同时，也应做好四口和临边防护，如围栏、安全网等，这些措施应严密可靠，符合规范要求，如图 9-2 所示。

（2）检查工具和设备：在高空作业之前，对使用的工具和设备进行全面检查，确保其完好无损，防止因工具和设备失效而导致的意外坠落，如图 9-3 所示。

（3）检查是否正确使用安全带：作业人员在高处作业时，应始终佩戴安全带并正确使用，如图 9-4 所示。

图 9-2　高空作业的防护措施

图 9-3　高处作业使用设备检查

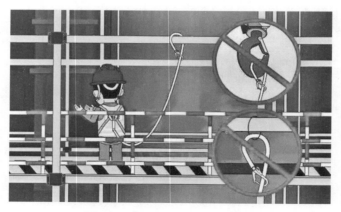

图 9-4　高处作业安全带的检查

2）坠物伤人风险

除了高处坠落风险外，高空作业还存在坠物伤人的风险。坠物可能来自于作业人员手中的工具、材料或其他物品。以下是坠物伤人风险的识别：

（1）清理和整理工作区域：在高空作业之前，必须清理和整理作业区域，将杂物、不必要的工具和设备妥善安置。

（2）严禁高空抛物：对于易坠落的工具和材料，应防止其滑落或掉落。对于拆除的脚手架、模板或其他废料应集中吊运，严禁高空抛物，如图9-5所示。

图9-5　防止坠物伤人

3. 用电安全隐患识别

用电是一项特别要注意安全的工作。乡村建设施工现场用电安全隐患有很多，下面介绍其中一些常见的隐患识别。

1）电气设备未定期检查维修

在施工现场，电动工具、电线、插座等电气设备由于长期使用以及外界因素的影响，设备容易出现磨损、老化等问题，如果不及时进行定期检查维修，会增加电气设备故障的发生概率，从而增加事故发生的风险，如图9-6所示。

图9-6　电气设备应定期检查维修

2）现场电线缆走线混乱

施工现场使用大量的电线缆，如果电线缆的走线不规范、混乱，很容易被人或机械绊倒，造成触电、摔伤等事故。另外，电线缆走线混乱也容易导致线缆间发生短路、火灾等危险，如图9-7所示。

图 9-7　电线缆走线混乱

3）带电体外露

在施工现场，有时由于电工安全意识淡薄，接电时电线内芯暴露在外，容易造成火灾或触电等，如图 9-8 所示。

图 9-8　带电体外露的安全隐患

4）一箱多机或一闸多机

同一开关电器直接控制两台或两台以上用电设备，如图 9-9 所示。开关箱一闸多机也会带来潜在的危害，其中包括：电气事故，如果没有正确的隔离电源和设备，操作人员可能会触电，从而导致电气事故的发生；设备故障，一旦其中一个设备出现故障，由于多台设备被控制在一起，可能出现级联故障，导致多个设备损坏。每台机具必须实行"一机一闸一漏一箱"。

4. 施工现场消防安全隐患识别

（1）施工现场易燃可燃材料多，堆放比较混乱。有些工地由于受到场地的制约，房屋、棚屋之间，建筑材料垛与垛之间缺乏必要的防火间距，一旦发生火灾，势必造成极大的损失。

（2）电焊施工无证上岗或不遵守消防安全操作规程。电焊火花很容易引燃施工现场的各种可燃材料，造成火灾。

图 9-9 一箱多机的安全隐患

（3）施工工地临时线路多，拉接不规范，容易漏电。现场施工时，各种电气设备在施工中广泛使用。临时性的电气线路纵横交错，容易跑电或漏电，导致电火花引燃物品，形成火灾。

（4）消防设施存在不足。乡村建设施工场地灭火器也大多未按要求配置，致使发生火灾时，不能及时使用灭火器材。

（5）消防知识缺乏，自防自救能力差。乡村建设工匠未经过消防培训，对消防安全重视程度差，消防安全意识淡薄，对消防知识了解甚少，一旦发生火灾，其自防自救能力差。

（二）电动助力推车的使用

电动助力推车有不上人电动助力车和可上人电动助力车，如图 9-10 和图 9-11 所示。作业人员使用前应认真学习电动助力推车的使用方法、使用注意事项和维护保养要求等内容。

图 9-10 不上人电动助力车

图 9-11 可上人电动助力车

1. 电动助力推车的操作

电动助力推车的操作使用如下：

（1）推车启动：按下启动开关，确保主控制面板上的指示灯亮起，确认电动推车已开启。

（2）推车前进：如图 9-12 所示，推动手柄向前，电动推车将前进，速度可根据需要调节。

（3）推车后退：推动手柄向后，电动推车将后退，速度可根据需要调节。

（4）转向操作：左右转向操作可通过手柄的转向控制实现。向左推动手柄，推车将向左转向；向右推动手柄，推车将向右转向。

（5）紧急停车：如图 9-13 所示，按下手刹，电动推车将立即停止运行。

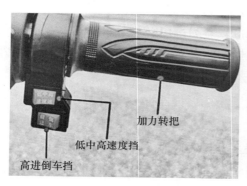

加力转把

低中高速度挡

高进倒车挡

图 9-12　助力车把手

图 9-13　上部手刹把手

2. 电动助力推车运送材料

施工现场使用电动助力推车运送材料是一种高效的方法，可以提高工作效率并减少人力消耗。以下是一般的运送方法：

（1）准备工作：确保电动助力推车处于良好工作状态，电池电量充足，并且推车上没有杂物。同时，将要运送的材料摆放整齐，易于装载。

（2）装载材料：将要运送的材料按照重量和体积合理摆放在电动助力推车的货箱内，确保重心稳定，可以提高车辆的行驶稳定性。

（3）行驶路线规划：在开始推车运送之前，规划好行驶路线，避开施工现场的障碍物和人群，确保安全行驶。

（4）操作技巧：在推车运送过程中，需要注意操作技巧，特别是在转弯和上坡时要注意车辆稳定，避免材料滑落或推车失控。

（5）注意安全：在施工现场操作电动助力推车时，务必注意安全，穿戴合适的劳动防护装备，遵守施工现场的安全规定，确保自身和他人的安全。

【小贴士】使用电动助力推车运输材料时，要保持车辆的稳定。首先要确保车辆的重心稳定，避免超载或不平衡装载导致车辆倾翻；其次要保持行驶时的速度适中，避免急加速或急刹车。在行驶过程中，要避免坑洼或不平的地面，以免发生意外。乡村建设工匠在使用电动助力推车时要时刻牢记安全第一，保护好自己和他人的安全。

（三）施工现场消防器材摆放位置设定

【小贴士】根据《建设工程施工现场消防安全技术规范》GB 50720—2011规定，乡村建设中下列场所应配置灭火器：① 可燃、易燃物存放及使用场所，如油漆涂料及木工堆场；② 动火作业场所，如木工作业棚及钢筋焊接作业场所；③ 施工现场临时住宿用房；④ 其他有火灾危险的场所。

1. 灭火器的设置

（1）灭火器应设置在明显的、便于取用的地方，且应确保工人在火灾发生时快速找到并正确使用，如图9-14和图9-15所示。对有视线障碍的灭火器设置点，应设置指示其位置的发光标志。

图9-14　消防设施区域

图9-15　警戒区域设置

（2）灭火器的设置不得影响安全疏散，同时便于人员对灭火器进行保养、维护及清洁卫生。

（3）灭火器设置点环境不得对灭火器产生不良影响。

（4）灭火器设置点应便于灭火器的稳固安放。

【小贴士】临时搭设的建筑物区域内每100m² 配备2只10L灭火器。临时木工间、油漆间、木机具间等，每25m² 配备一只10L灭火器。

2. 施工现场灭火器的摆放

（1）灭火器需放置于灭火器箱内，或设置在挂钩、托架上，顶部距离地面高度应小于1.5m，底部离地面高度不宜小于0.08m，周围需清空，予以指示，并标有相应的标示线，如图9-16所示。

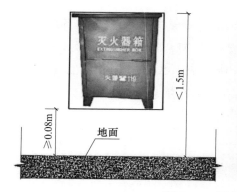 

图9-16　灭火器的摆放位置

（2）灭火器面向外，摆放稳固。

（3）灭火器外观清楚，无灰尘。

（4）灭火器上方须用标识牌标识。标识顶部离地高度大于1.8m、小于2.5m或根据摆放点实际情况设置，要求标识明显易见，指示正确，如图9-17所示。

（5）灭火器箱不得上锁。

（6）灭火器摆放在潮湿或强腐蚀性的地点，或灭火器摆放在室外时，应有相应的保护措施。

（7）灭火器等消防设备需定期检查并记录，如图9-18所示。

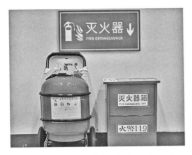

图9-17 灭火器上方标识牌

图9-18 灭火器定期检查记录

（四）详图与平面图的对照识别

1. 建筑平面图与详图对照识读

1）建筑详图的索引方法

建筑详图常用的比例为1：1、1：2、1：5、1：10、1：20、1：50。看详图时应对照平面图进行识别，平面图上往往会标注详图的索引符号。建筑详图必须标出详图符号，应与被索引的图样上的索引符号相对应，在详图符号的右下侧注写比例。详图索引符号见表9-1，详图符号见表9-2。

详图索引符号 表9-1

名称	符号	说明
详图的索引符号	⑤—— 详图的编号 —— 详图在本张图纸上 —⑤—— 局部剖面详图的编号 —— 剖面详图在本张图纸上	细实线单圆圈直径应为10mm、详图在本张图纸上、剖开后从上往下投影
	5/4 —— 详图的编号 —— 详图所在的图纸编号 —5/4 —— 局部剖面详图的编号 —— 剖面详图所在的图纸编号	详图不在本张图纸上、剖开后从下往上投影

详图符号 表9-2

名称	符号	说明
详图的符号	⑤—— 详图的编号	粗实线单圆圈直径应为14mm、被索引的在本张图纸上
详图的符号	5/2 —— 详图的编号 —— 被索引的图纸编号	被索引的不在本张图纸上

2）建筑平面图与详图对照识读

建筑平面图主要表示建筑物的平面形状、水平方向各部分（如入口、走廊楼梯、房间、阳台等）的布置和组合关系、门窗位置、墙和柱的布置、其他建筑构配件的位置和大小等，如图9-19所示。

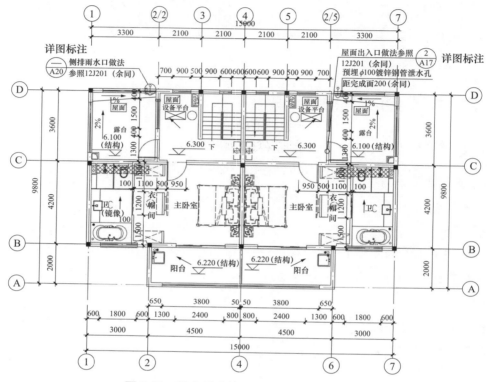

图9-19　某乡村建筑三层平面图（1：100）

建筑平面图的主要内容：

（1）层次，图名，比例。

（2）纵横定位轴线及其编号。

（3）各房间的组合和分隔，墙、柱的断面形状及尺寸等。

（4）门窗布置及其型号，楼梯的走向和级数。

（5）室内外设备及设施的位置、形状和尺寸。

（6）标注出平面图中应标注的尺寸和标高。

（7）剖切符号，详图索引符号。

（8）施工说明。

2. 结构平面图与详图对照识读

结构平面布置图主要内容如下：

（1）梁、板、柱等结构构件的尺寸、大小、标高以及定位等。

（2）板的配筋。

（3）结构详图索引以及结构详图，如图 9-20 所示。

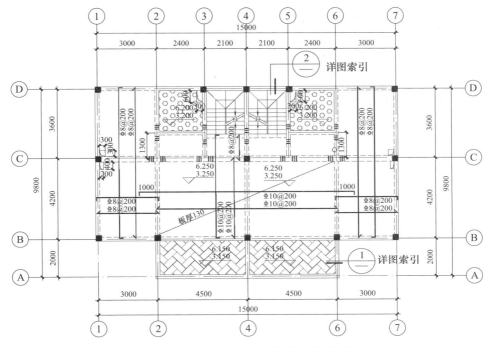

图 9-20　某乡村二～三层结构平面布置图

3. 平面图对照详图案例解读

某乡村自建房详图索引案例，如图 9-21 和图 9-22 所示。

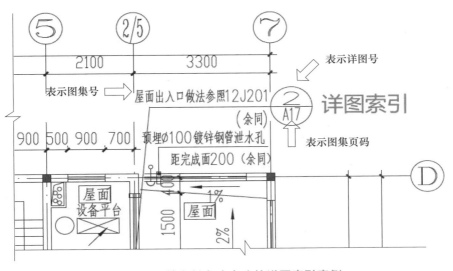

图 9-21　某乡村自建房建筑详图索引案例

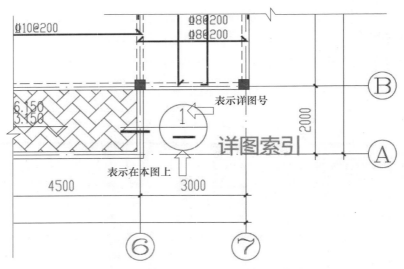

图 9-22　某乡村自建房结构详图索引案例

第二节　材料准备

（一）钢筋外观质量判别

钢筋的外观质量直接影响到其使用效果和建筑的安全性，正确检查和判断钢筋外观质量，及时淘汰有缺陷的钢筋，确保建筑的安全和稳定。

1. 表面质量判别

钢筋表面应该光滑，无锈斑、氧化物和裂纹等缺陷，不应有油污、灰尘等污物。在检查钢筋表面质量时，可以用手触摸或用肉眼观察，以确保表面的平整度和色泽均匀，如图 9-23 所示。

（a）热轧光圆钢筋　　　　　　　　　　　　（b）热轧带肋钢筋

图 9-23　钢筋表面质量

2. 形状和尺寸质量判别

钢筋截面为正圆形，截面与轴线成直角。检测钢筋的形状和尺寸，可以借助相关的检测工具，如卡尺、千分尺等，对钢筋的直径、长度、弯曲度等进行测量，并与标准进行比较，如图 9-24 所示。

图 9-24　钢筋尺寸的检查

（二）砖和砌块外观质量判别

砖和砌块的外观质量判别包括缺棱掉角检查、裂纹检查、弯曲测定、尺寸测量。

1. 外观质量判别

首先观察砖或砌块表面是否平整，缺棱掉角情况，裂纹开展情况等，如图 9-25 和图 9-26 所示。

图 9-25　水泥砖　　　　　　　　图 9-26　混凝土小型砌块

2. 规格尺寸检查

测量砖和砌块的尺寸偏差，如图 9-27 所示，长度、宽度在两个大面上的中间处测量，厚度在两个条面和顶面的中间处测量，以毫米为计量单位，不足 1mm 者按 1mm 计算。

图 9-27　测量尺寸

（三）木模板外观质量判别

【小贴士】模板进场验收标准：① 边角整齐，表面平整，无破裂，起皮；② 因装卸造成个别边角出现勒痕，并不影响使用质量，均视为合格；③ 抽取整批数量的 3‰ 中间锯开，无空心，起层，达到 8~9 层均视为合格；④ 厚度以抽查的方式随机抽查，每片的厚度允许偏差 ±3mm，或整包量尺，允许偏差 ±3cm；⑤ 角要方正，不得出现斜角；⑥ 长宽要达到标准，无长短现象，出现长短，视为不合格。

1. 外观质量判别

外观质量检查主要通过观察检验，观察模板表面是否光滑，四周是否有空隙，以及面皮是否完整。任意部位不得有腐朽、霉斑、鼓泡，不得有板边缺损、起毛。每平方米单板脱胶面积不大于 $0.001m^2$，每平方米污染面积不大于 $0.005m^2$。

看纹理。纹理是判断建筑模板好坏的标准，有规则的纹理层次分明、美观大方，说明该建筑模板的板芯用的是一级原材料，尺寸标准、厚薄均匀，做出的产品才能不易变形、断裂，如图 9-28 所示。不要选择那些纹理杂乱无章的建筑模板。

看裂痕。对于轻度裂痕，如产生在纹理之间的这种裂痕影响不大，可以放心使用。而对于那些裂痕都穿透纹理的建筑模板，不建议使用，因为这种裂痕会延伸，会对工程质量造成影响，在选购建筑模板时一定要注意。

图 9-28　木胶合板表面纹理

2. 规格尺寸检查

建筑工地常用的木胶合板规格尺寸一般是 915mm×1830mm 和 1220mm×2440mm，厚度为 14～20mm，模板进场应进行厚度、长宽尺寸、对角线和翘曲度的检查。

厚度检测方法：用钢卷尺或游标卡尺在距板边 24mm 和 50mm 之间测量厚度，测点位于每个角及每个边的中间，长短边分别测 3 点、1 点，取 8 点平均值，如图 9-29 所示。各测点与平均值差为偏差，厚度允许偏差见表 9-3。

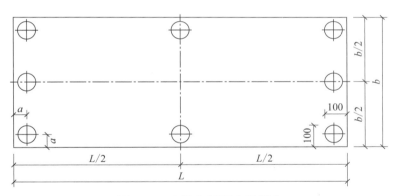

图 9-29　木胶合板厚度检测点

木胶合板厚度允许偏差　　　　　　　　　　　　　　　　　　表 9-3

公称厚度（mm）	平均厚度与公称厚度间的允许偏差（mm）	每张板内厚度允许偏差（mm）
≥ 12～＜ 15	±0.5	0.8
≥ 15～＜ 18	±0.6	1.0
≥ 18～＜ 21	±0.7	1.2
≥ 21～＜ 24	±0.8	1.4

长、宽检测方法：用钢卷尺在距板边 100mm 处分别测量每张板长、宽各 2 点，取平均值，允许误差 ±3mm。

189

对角线差检测方法：用钢卷尺测量两对角线长度之差，允许误差见表 9-4。

木胶合板两对角线长度之差 表 9-4

胶合板公称长度（mm）	两对角线长度之差（mm）
≤ 1220	3
> 1220～≤ 1830	4
> 1830～≤ 2135	5
> 2135	6

翘曲度检测方法：用钢直尺量对角线长度，并用楔形塞尺（或钢卷尺）量钢直尺与板面间最大弦高，后者与前者的比值为翘曲度，翘曲度限值见表 9-5。

木胶合板翘曲度限值 表 9-5

厚度	等级	
	A 等板	B 等板
12mm 以上	不得超过 0.5%	不得超过 1%

3. 模板内部层次检查

锯开法：随意抽取一张模板将其锯开，观察模板锯口是否密实，层次是否分明，如图 9-30 所示。如果锯口密实，层次分明，则可以判断该模板质量较好。

图 9-30　木胶合板的锯口

4. 密度与称重检查

在相同规格下，模板重量越大，意味着其密度越高。材料密度越高，粘合强度就越好，模板的稳固性也随之增强。

掂一掂。相同规格的模板我们可以拿在手里掂一掂，感觉比较重的说明质量最好。相同规格的建筑模板，如果重量较重，模板的密度就比较高，制作过程中压力比较大，选择材料的硬度高，模板的胶合强度相对来说就比较高。

5. 强度和柔韧性检查

脚踩法。将模板放置在地面，然后用脚踩在模板中部，稍微用力踩几下，听取模板是否有断裂的声音。如果没有断裂声音，则可以判断该模板是整芯板，具有较好的质量，如图 9-31 所示。

图 9-31　检查模板（木胶合板）强度

弯一弯。我们可以随机抽取一张模板，进行弯曲测试。如果模板内部采用完整的酚醛胶，那么在弯曲测试中，模板不会发出破裂声，并且能够保持完好无损。这种模板的板面坚固，具有较高的周转次数和较低的膨胀系数，能够满足耐久性要求。

6. 建筑模板胶水质量检查

用水煮。建筑模板在制作过程中会使用到胶水，我们鉴别建筑模板的好坏可以用水去煮，看看有没有脱胶和分裂的现象，如果煮了就脱胶或者开裂了，那肯定质量有问题。

随意抽取一张模板，将其锯下一块或几块，并将其放入沸腾的水中蒸煮，如图 9-32 所示。观察模板的开胶时间，如果 12 小时内不开胶，则可以判断该模板质量较好。

木模板进场质量检查可扫描观看视频 9-1。

图 9-32　煮模板（木胶合板）

视频 9-1　木模板进场质量检查

【小贴士】模板对建筑工程质量有很大的影响，因此，模板进场必须认真进行质量判别，不符合要求的模板严禁使用。一般情况下，建筑木胶合板915mm×1830mm的黑色覆膜板12mm厚的可以使用8次，13mm厚的黑色覆膜板可以使用10次，14mm厚的黑色覆膜板可以使用12次。13mm厚的建筑红覆膜模板可以使用15次左右，14mm厚的红色覆膜模板可以使用18次左右。

（四）木方外观质量判别

1. 木方表面质量判别

首先看木方表面是否有明显裂痕、虫眼、死结、严重变色等情况，其次看建筑木方的纹理，刚加工好的建筑木方应该有自然的色调，清晰的木纹，而且纹理应当是美观大方，如图9-33所示，纹理杂乱无章的建筑木方质量一般较差。

图 9-33　建筑木方

2. 建筑木方尺寸的检查

常用木方的尺寸：厚度和宽度40mm×70mm、40mm×80mm、50mm×80mm、50mm×90mm、50mm×100mm、100mm×100mm，长度通常是4m、3m。

厚度和宽度检测：量每根木方两边和中间三个位置的宽，厚尺寸，取平均值为该木方的实际尺寸，如图9-34所示。若实际尺寸与订购尺寸相差8mm以上，是不合格产品。

木方长度检测：实测长度与订购长度相差10mm以上为不合格品。

图 9-34　建筑木方尺寸检测

【挑选木方小贴士】

（1）用手掂：挑选建筑木方的时候需要用手拿一拿，含水量大就重一些。

（2）用眼看：看建筑木方的节疤，节疤多、黑色，证明这根建筑木方就不好。

（3）用力抖：用手拿着木方的一端，用力上下抖动，质量不好的木方一般都容易断。

（4）用手敲：用手敲击建筑木方，如果是质量好、新鲜的木方就会发出清脆的声音，如果是腐朽、旧的木方就会发出比较低沉的暗淡声音。

（5）用钉子钉：干燥的建筑木方钉子很容易钉入，湿度大的木方钉子很难钉入，如图 9-35 所示。

图 9-35　建筑木方握钉力检测

（五）脚手架质量判别

1. 木、竹脚手架进场质量判别

1）竹竿材质质量判别

竹脚手架搭设的主要受力杆件选用生长期三年以上的毛竹或楠竹，竹竿应挺直、质地坚韧，严禁使用弯曲不直、青嫩、枯脆、腐烂、虫蛀及裂纹连通二节以上的竹竿。如用小铁锤锤击竹材，年长者声清脆而高，年幼者声音弱，年长者比年幼者较难锯。竹材质量的直观鉴别见表9-6。

竹龄鉴别方法   表9-6

特点\竹龄	三年以下	三年以上七年以下	七年以上
皮色	下山时呈青色如青菜叶，隔一年呈青白色	下山时呈冬瓜皮色，隔一年呈老黄色或黄色	呈枯黄色，并有黄色斑纹
竹节	单箍突出，无白粉箍	竹节不突出，近节部分凸起呈双箍	竹节间皮上生出白粉
劈开	劈开处发毛，劈成篾条后弯曲	劈开处较老，篾条基本挺直	

竹竿有效部分的小头直径应符合以下规定：横向水平杆不得小于90mm；立杆、顶撑、斜杆不得小于75mm；搁栅、栏杆不得小于60mm；横向水平杆有效部分的小头直径不得小于90mm，60～90mm之间的可双杆合并或单根加密使用。

2）木杆质量鉴别

木脚手架所用木杆应采用剥皮的杉木或其他各种坚韧的硬木，禁止使用杨木、柳木、桦木、椴木、油松和其他腐朽、折裂、枯节、破裂严重和杆头破损等易折木杆。

木杆的小头尺寸要求：立杆和斜杆（包括斜撑、抛撑、剪刀撑）的小头直径不应小于70mm；大横杆、小横杆的小头直径不应小于80mm；直径小于80mm大于70mm的横杆可两根并成一根绑定后使用。

3）绑扎材料质量判别

绑扎材料用竹篾时，竹篾规格应符合表9-7的要求。竹篾使用前应置于清水中浸泡不少于12h，竹篾质地应新鲜、韧性强。严禁使用发霉、虫蛀、断腰、大节疤等竹篾。

竹篾规格   表9-7

名称	长度（mm）	宽度（mm）	厚度（mm）
毛竹篾	3.5～4.0	20	0.8～1.0
塑料篾	3.5～4.0	10～15	0.8～1.0

绑扎材料采用塑料篾或镀锌钢丝的，必须有出厂合格证和有关力学性能数据。塑料篾进场必须进行抽样检测，在每个批次的绑扎材料中任选 3 件，组成检测样一份，并以同样的方法抽取留样一份备查，检测结果应满足相关规范的规定。钢丝应采用 8 号或 10 号镀锌钢丝，严禁有锈蚀或机械损伤。

4）竹、木脚手板质量判别

（1）竹笆板应符合以下规定：

纵片不得少于 5 道并第一道用双片，横片则一反一正，四边端纵横片交点用钢丝穿过钻孔每道扎牢。竹片厚度不得小于 10mm，竹片宽度可为 30mm。每块竹笆板可沿纵向用钢丝扎两道宽 40mm 双面夹筋。竹笆板长可为 1500～2500mm，宽可为 800～1200mm，长竹笆用作斜道板时，应将横筋作纵筋，如图 9-36 所示。

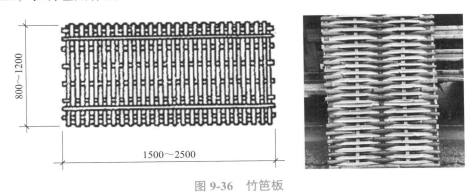

图 9-36　竹笆板

（2）竹串片板应符合以下规定：

竹串片板应采用螺钉穿过并列的竹片拧紧而成，螺钉直径可为 8～10mm，间距可为 500～600mm，螺钉孔直径不得大于 10mm。板的厚度不得小于 50mm，宽度可为 250～300mm，长度可为 2000～3000mm，如图 9-37 所示。

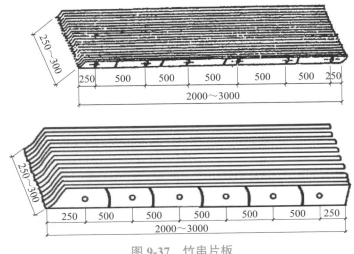

图 9-37　竹串片板

（3）木脚手板质量要求

木脚手板厚度为 50mm，一般允许＋1mm、−2mm 的误差，宽度为 200～300mm，长度为 2m、3m 和 4m。一般应采用杉木板和落叶松板，每块木脚手板质量不宜大于 30kg。不容许有腐朽、髓心、虫眼等，在连接部位的受剪面及附近不容许有裂缝，木节不得大于所在面宽度的 1/3，1m 长度内斜纹高度不得大于 80mm。

2. 钢管扣件式脚手架进场质量判别

1）新钢管的质量检查

（1）应有产品质量合格证，应有质量检验报告。

（2）钢管表面应平直光滑，不应有裂缝、结疤、分层、硬弯、毛刺、压痕和深的划道。

（3）宜采用 ϕ48.3×3.6 的钢管，钢管外径、壁厚、端面等偏差应分别符合表 9-8 的规定。

（4）钢管应涂有防锈漆。

新钢管尺寸检查　　　　表 9-8

序号	项目	允许偏差 Δ（mm）	抽检数量和示意图	检查工具
1	焊接钢管尺寸（mm）：外径 48.3、壁厚 3.6	±0.5 ±0.36	3%	游标卡尺
2	钢管两端面切斜偏差	1.70		塞尺、拐角尺

2）旧钢管的质量检查

（1）表面锈蚀深度应符合表 9-9 的规定，锈蚀检查应每年进行一次。检查时，应在锈蚀严重的钢管中抽取三根，在每根锈蚀严重的部位横向截断取样检查，当锈蚀深度超过规定值时不得使用。

（2）钢管弯曲变形应符合表 9-9 的规定。

旧钢管的质量检查　　　　表 9-9

序号	项目	允许偏差 Δ（mm）	示意图	检查工具
1	钢管外表面锈蚀深度	≤ 0.18		游标卡尺

续表

序号	项目	允许偏差 Δ（mm）	示意图	检查工具
2	钢管弯曲 ① 各种杆件钢管的端部弯曲 l ≤ 1.5m	≤ 5		钢板尺
	② 立杆钢管弯曲 3m < l ≤ 4m 4m < l ≤ 6.5m	≤ 12 ≤ 20		
	③ 水平杆、斜杆的钢管弯曲 l ≤ 6.5m	≤ 30	—	

3）扣件质量检查

扣件进入施工现场，应逐个挑选，有裂缝、变形、螺栓出现滑丝的严禁使用。

（1）扣件应有生产许可证、法定检测单位的测试报告和产品质量合格证，见表 9-10。

（2）新、旧扣件均应进行防锈处理。

扣件的质量检查　　　　　　　　　　　　　　　　　表 9-10

项目	要求	抽检数量	检查方法
扣件	应有生产许可证、质量检测报告、产品质量合格证、复试报告	《钢管脚手架扣件》GB/T 15831—2023 的规定	检查资料
	不允许有裂缝、变形，螺栓滑丝扣件与钢管接触部位不应有氧化皮；活动部位应能灵活转动，旋转扣件两旋转面间隙应小于 1mm；扣件表面应进行防锈处理	全数	目测

4）可调托撑的检查

（1）应有产品质量合格证，质量检验报告。

（2）可调托撑支托板厚不应小于 5mm，变形不应大于 1mm，见表 9-11。

（3）严禁使用有裂缝的支托板、螺母。

可调托撑的质量检查　　　　　　　　　　　　　　　表 9-11

项目	允许偏差 Δ（mm）	示意图	检查工具
可调托撑的支托板变形	1.0		钢板尺、塞尺

（六）管线外观质量判别

1. 电线外观质量判别

一看商品标签。正规厂家生产的电线，每捆的透明包装纸下都会有合格证，合格证上应包括：厂名厂址、认证编号、规格型号、电线长度、额定电压等，如图 9-38 所示。而劣质产品的标签往往印刷不清或印制内容不全。另外，按照国家相关规定，所有电线生产企业必须获得相关部门认证的 CCC 认证标志，并在电线电缆产品上标上 CCC 认证标志。为了确保家庭用电的安全，务必要选择带有 CCC 认证标志的电线电缆。

二看塑料外皮。正规电线的塑料外皮软且平滑，颜色均匀。国家规定电线外皮上一定要印有相关标识，如产品型号、单位名称等，标识间隔不超过 50cm，印字清晰、间隔匀称，如图 9-39 所示。

图 9-38　电线商品标签

图 9-39　电线塑料外皮

三看铜丝。合格铜芯线的铜芯应该是紫红色、有光泽、手感软，如图 9-40 所示。而伪劣的铜芯线铜芯为黑色、偏黄或偏白，稍用力即会折断。检查时，把电线一头剥开 2cm，然后用一张白纸在铜芯上稍微搓一下，如果白纸有黑色物质，说明铜芯里杂质比较多。另外，伪劣电线电缆绝缘层看上去似乎很厚实，实际上大多用再生塑料制成，时间一长，绝缘层会老化而漏电。

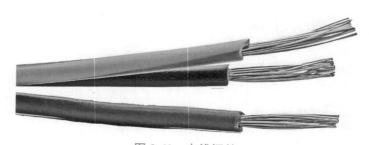

图 9-40　电线铜丝

【小贴士】可取一根电线电缆头用手反复弯曲，凡是手感柔软、抗疲劳强度好、塑料或橡胶手感弹性大且电线电缆绝缘体上无裂痕的就是优等品。

【小贴士】质量好的电线电缆，一般都在规定的重量范围内。如常用的截面面积为 1.5mm^2 的塑料绝缘单股铜芯线，每 100m 重量为 1.8～1.9kg；2.5mm^2 的塑料绝缘单股铜芯线，每 100m 重量为 3～3.1kg；4.0mm^2 的塑料绝缘单股铜芯线，每 100m 重量为 4.4～4.6kg 等。质量差的电线电缆重量不足，要么长度不够，要么电线电缆铜芯杂质过多。

2. 管材外观质量判别

一看管材外观。看管材的表面是否有气泡、杂质、凹凸不平等缺陷。质量好的管材内外表面都光滑平整，颜色均匀，如图 9-41 所示。优质的管材不会出现爆裂的情况，使用起来才会更加放心。

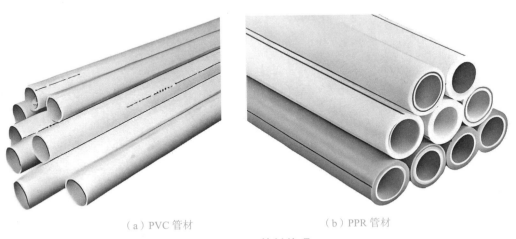

（a）PVC 管材　　　　　　　　（b）PPR 管材

图 9-41　管材外观

二是量管材壁厚。可以用卷尺、卡尺等多种测量工具测量管材壁厚，如图 9-42 所示。优质的管材壁厚均匀，且圆滑统一，而劣质管材则往往管壁较薄，可能会出现爆管的情况。

图 9-42　测量管材壁厚

三是摸管材质感。优质管材摸起来光滑平整，不会出现波浪、节大节小、内壁不均、划痕、坑陷等情况，这样的管材使用寿命才会长久。

（七）防水材料外观质量判别

防水材料进场应观察产品的包装和外观。优质防水材料包装整洁、标识清晰，包括产品名称、生产日期、厂家信息等。防水卷材外观应光滑平整，无明显的凹凸不平和色差，无明显的划痕、开裂或破损等缺陷，如图 9-43 所示。

图 9-43　防水卷材外观

【小贴士】闻气味判断防水材料质量。质量好的防水材料应无刺激性气味，且触感细腻、不粘手。劣质防水材料气味刺鼻，甚至可能含有毒物质。

（八）装修材料外观质量判别

1. 饰面砖外观质量判别

饰面砖表面不得有明显的磨痕、裂痕、色差、斑点等，砖面纹理要求清晰自然，边角要求无破损、剥落等。砖面应保持光滑、清晰一致，如图 9-44 所示。如有特殊纹饰，应与同批次产品保持一致。

图 9-44　饰面砖外观

外观质量判别包括：表面平整度、色差、砖面纹理、边角完整度等项目检查。

饰面砖的尺寸偏差包括：长度偏差、宽度偏差、厚度偏差等。长度偏差要求在 ±1.5mm 以内，宽度偏差要求在 ±1.5mm 以内，厚度偏差要求在 ±0.5mm 以内。

2. 踢脚线外观质量判别

一看材料的颜色纯正鲜艳程度。好材料的踢脚线是一道工艺加工出来的，颜色一般比较纯，而差的踢脚线颜色就呈暗灰黑色，是由第一道工艺出来的废料加工成的。

二看厚度，看重量，在材料确定可以的情况下踢脚线越厚越耐用，如图 9-45 所示。

图 9-45　踢脚线外观

三看表面，如果是贴皮踢脚线就得看表皮是否起小泡，是否与材料粘得牢固，还得注意表皮是否为好 PVC 皮，有的踢脚线表面贴的是纸。如果表面是刷漆处理的踢脚线，就得注意表面是否有节眼，并看漆的致密程度。

3. 吊顶材料外观质量判别

乡村建设农房的厨房和厕所常用铝扣板吊顶，如图 9-46 所示。铝扣板外观质量判别主要看材质、涂层、覆膜以及工艺。

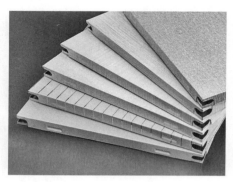

图 9-46　铝扣板吊顶外观

看材质：不要被扣板厚度误导，重点要看材质，用手抚摸感触扣板质感，是否如丝般顺滑，如有脏点或颗粒，说明是非原生态铝材，环保大打折扣。

看涂层：质量越好的铝材本身附着性就好，所以涂层不需很厚，涂层太厚不环保，同时也不利于体现金属质感。

看覆膜：覆膜扣板是在铝材表面热压一层 PVC 膜，厚度一般在 0.15mm 左右，如果覆膜太厚，说明铝扣板就会更薄，成本低廉。

看工艺：做工精良的铝扣板，无论正面、侧面、背面看，色泽都非常均匀、图案精致。特别要关心扣板背面的涂层处理是否精细。

第三节　施工机具准备

（一）手持电钻的故障识别及维修保养

1. 手持电钻故障识别及排除

手持电钻常见故障识别及排除方法见表 9-12。

手持电钻常见故障识别及排除方法　　　　　　　表 9-12

故障	产生原因	排除方法
通电后电机不转动	（1）电源断路	（1）修复电源
	（2）接头松脱	（2）检查所有接头
	（3）开关接触不良	（3）修理或更换开关
	（4）电刷与换向器表面不接触	（4）检查电刷位置使其与换向器接触吻合
通电后有异常声音且不能转动或转速很慢	（1）开关触点烧坏	（1）修理或更换开关
	（2）轴向推力过大使电钻超负荷	（2）减少推力
	（3）钻进时，工具被卡住	（3）停止推进或退出工具
	（4）轴承过紧或齿轮折齿	（4）更换轴承或齿轮
	（5）机械传动部分卡住	（5）检查机械部分卡住原因并消除
电机转但转轴不转	（1）钻轴上的键折断	（1）换用新键
	（2）中间齿轴折断	（2）更换中间齿轴
	（3）电枢轴齿部折断	（3）更换电枢
减速箱外壳过度发热	（1）减速箱中缺乏润滑脂或润滑脂变质	（1）清洗后添加或更换润滑脂
	（2）齿轮啮合过紧或齿间有杂物	（2）检查齿轮或清除杂物
电机外壳过热	（1）负荷过大	（1）钻孔进入速度适当减慢
	（2）钻头太钝	（2）磨锐钻头或换用新的
	（3）电钻装配不合理	（3）检查电枢是否卡紧
换向器上产生较大火花	（1）电枢短路	（1）修复电枢
	（2）电刷与换向器接触不良	（2）检查换向器与电刷接触情况
	（3）换向器表面不平或污垢物较多	（3）消除换向器表面上污垢并磨光其表面
夹头松脱或钻头不转	（1）钻轴锥面或钻夹头内锥有污垢物	（1）清除污垢物重新装上
	（2）钻夹头夹持不紧	（2）夹紧钻头

2. 手持电钻的维修保养

1）电动机修理

（1）表现：通电后，电动机无反应，导致手电钻不能正常作业。

维修办法：电动机不能正常作业，应该拆开电钻机身，如图 9-47 所示，查看是否由于保险丝熔断或电源线烧断。如果存在这方面的问题，应该当即替换保险丝或电源线；还有可能是由于电枢绕组或定子绕组的损坏，须替换或修理绕组；还有可能是由于轴承生锈，应为轴承加上润滑油或进行除锈处理。

（2）表现：电动机越转越慢，导致手电钻的冲击力减小，不能正常作业。

维修办法：由于电刷受到严重的磨损所导致的，应该当即进行替换。

（3）表现：电动机作业时噪声过大，电钻不停震颤。

维修办法：由于轴承磨损形成的，这就得对轴承进行替换。

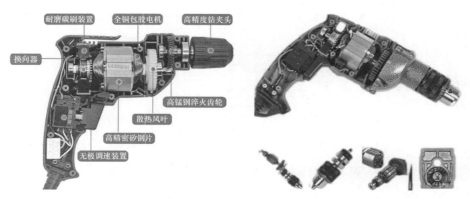

图 9-47　拆开电钻机身

2）电枢绕组的修理

电枢绕组是手电钻中适当重要的组件，如图 9-48 所示，它的损坏会导致手电钻无法进行正常作业。常见的问题有电枢绕组的短路与断路。

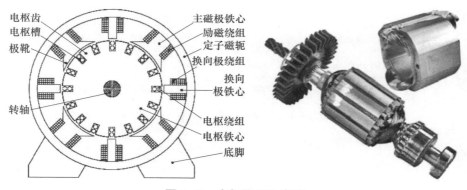

图 9-48　电枢绕组示意图

（1）电枢绕组短路：由于电枢绕组线圈中相邻线圈之间的绝缘表层损坏，导致线圈不能通电，影响正常作业。因此在发现线圈有损坏或线匝的表层绝缘原料有损坏时，应该及时替换线圈，以保证电枢绕组正常作业。

（2）电枢绕组断路：可以用全能测量表进行检测，如果两个换向器之间的电阻值大于正常的参数值，那么这两个换向器之间的线圈必定存在断路，应该当即对这之间的线圈进行替换。

3）手持电钻的保养

（1）经常检查钻头和螺丝刀头：发现钻头磨损时应更换或重新磨锋利。若使用尖端磨损或断裂的钻头，将滑脱而导致危险，所以换用新的。

（2）检查安装螺钉：要经常检查安装螺钉是否紧固妥善，若发现螺钉松了，应立即重新扭紧，否则会发生严重的事故。

（3）定期拆开机身，清洁转子，把转子前的螺旋齿轴抹干净，把壳体内部的油污清抹干净，把钻夹头杆上的斜齿轮和两端轴承（或轴套）清抹干净，最后按照原样装回，将润滑脂加在齿轮副和轴承之间。

（二）无齿锯的故障识别及维修保养

无齿锯常见故障包括锯刃裂纹、锯齿生锈和锯齿卡住现象等。通过更换锯刃、保养锯齿、选择合适的锯齿类型、注意工作负荷和使用适当的助力工具等方式，可以有效排除无齿锯的故障，保证无齿锯的正常使用。

1. 无齿锯常见故障识别

1）锯刃出现裂纹或磨损

当锯刃出现裂纹或磨损时，会导致无齿锯的锯齿不够锋利，影响锯齿的切割效果。造成这种情况的原因可能是锯齿使用时间过长，或者使用不当。

2）锯齿生锈

由于无齿锯经常接触水分和空气，锯齿容易因为生锈而影响锯齿的使用效果。

3）锯齿产生卡住现象

使用无齿锯时，有时锯齿可能会被切割材料卡住，导致无法正常工作。这种故障可能是由于木材太硬或者锯齿积尘等原因造成的。

2. 无齿锯的维修保养

1）更换锯刃

如果发现锯刃裂纹严重或者磨损较大，应该及时更换锯刃。

2）保养锯齿

定期清洗锯齿，涂抹油脂，可以有效延长锯齿的使用寿命，避免锯齿出现生锈等问题。

3）选择合适的锯齿类型

如果锯齿经常卡顿或者效果不佳，可以尝试更换适合于切割材料类型的锯齿，以提高工作效率。

4）注意工作负荷

避免超负荷使用无齿锯，尽量避免在切割材料太硬的情况下使用，以避免出现卡顿等故障。

（三）台锯的故障识别及维修

1. 电源问题识别与维修保养

1）无法启动

如果木工台锯无法启动，首先检查是否接上电源。如果已接通电源，那么检查插头是否插紧，电源线是否正常。

2）短路

短路是一种非常危险的电源故障，它可能导致电源损坏和引起火灾等严重问题。如果木工台锯出现故障并且伴随着偶尔的火花，那么就可能是由于电源短路造成的。这时候需要立刻停止使用木工台锯，进行检查和修复。

2. 锯片问题识别与维修保养

1）锯片转动不灵活

切割的物料过于硬或松散，锯片转动不灵活，这时候需要更换一种适合的锯片。

2）锯口不平整

锯切过程中发现锯口不平整、噪声过大，甚至发生振动，这时候需要检查锯片是否松动或损坏。如果锯片未损坏，则需要调整锯片切割深度和锯台面的平整度。若仍然无法排除故障，则需要更换锯片。

3. 安全保护装置问题识别与维修保养

1）紧急停止开关无法使用

在使用木工台锯的时候，如果出现紧急情况需要停止设备，紧急停止开关是非常重要的安全装置。如果紧急停止开关无法使用，那么就需要更换开关或者找到专业的工匠进行维修和检查。

2）安全护板损坏

安全护板能够避免使用过程中手部直接触碰到锯片。如果发现安全护板有损坏，那么就需要更换安全护板或者找到专业人员进行维修和检查。

无论是新手还是老工匠，都需要注意木工台锯的使用和维护。在使用过程中，一旦发现设备出现异常，应立即停止使用并查找故障原因。

（四）钢筋调直机的故障识别及维修保养

1. 钢筋调直机的常见故障识别

1）机器启动不了

（1）电源接触不良：首先检查电源接线端是否接触良好，若确认连接紧密，然后检查供电电源是否正常。

（2）保险丝烧坏：检查保险丝是否烧坏，如烧坏需更换新的保险丝。

（3）机器线路或插头问题：检查机器线路和插头是否存在故障，如有故障须更换。

2）调直效果不佳

（1）调直轮偏移：情况较为严重时，须调整调直轮位置，将其偏移角度调整到正常位置。

（2）钢筋卡死：检查钢筋走动是否畅通，如有卡顿现象，需要进行清理维修。

（3）调直轮磨损：检查调整轮是否损坏，如损坏需更换新的调整轮。

3）电路故障

（1）电路板故障：检查电路板是否存在线路短路或损坏现象，如有故障需要修复或更换。

（2）压缩机故障：检查压缩机是否正常，如存在故障则须更换压缩机或进行修复。

4）机器油泵故障

（1）油泵故障：检查油泵是否正常工作，如存在故障则须进行修复或更换。

（2）油压过低：检查油泵压力是否正常，如油泵压力过低需要进行维护和清洗。

钢筋调直机常见故障可能会影响到钢筋加工的效率，针对这些故障需要及时处理和维修，保障钢筋调直机正常工作。

2. 钢筋调直机的维修保养

（1）设备外观和结构的检查。检查设备是否有明显的变形、损坏、锈蚀等情况，检查是否有松动的螺钉、螺母，以及设备的固定和支撑是否稳固。

（2）电气部件和连接线路的检查。检查电气系统接地是否良好，电气连接线路是否接触良好，电气元件是否工作正常，以及电气线路是否有老化和磨损的情况。

（3）润滑油和润滑部件的保养。包括检查润滑油的添加和更换情况，润滑部件的清洁和涂油情况，以及润滑系统的工作状态和泄漏情况。

（4）机器运行参数的检测和调整。包括检测直径调整装置的工作情况，调整直径的准确性，以及调整装置的灵敏度和稳定性。

（5）安全措施的检查和落实。包括检查是否有明显的安全隐患，是否有完善的警示标志和安全防护装置，以及个人防护措施是否到位。

钢筋调直机的维修保养不仅仅是为了保证设备的正常运行，更是为了保障施工人员的安全和施工质量。

（五）钢筋弯曲机的故障识别及维修保养

1. 钢筋弯曲机常见故障识别

1）钢筋出现折断现象

（1）原因：弯曲角度过大，工作台调整不当，弯曲机偏转度不一致等。

（2）处理方法：调整弯曲角度和工作台位置，调整弯曲机偏转度或更换配件等。

2）弯曲过程中卡住不动

（1）原因：弯曲机刀具磨损、断裂，刀模间隙过小等。

（2）处理方法：更换刀具或调整刀模间隙。

3）弯曲机手臂移动不灵活或不正常

（1）原因：手臂松动，皮带松动，电机故障等。

（2）处理方法：紧固手臂或更换手臂配件，调整皮带松紧和更换电机。

4）弯曲机工作轴卡住或不转动

（1）原因：轴承润滑不足，轴承损坏等。

（2）处理方法：增加润滑或更换轴承。

5）机器不稳定

处理方法：检查机器底座和四轮螺栓是否松动，及时使用扳手将其固定；检查机器液压油箱油量是否充足；在机器不稳定的地方加垫高密度泡沫胶垫片或者铁垫片，增加机器的稳定性。

6）弯曲角度不准确

处理方法：检查机器刀片是否松动或者磨损；调整夹具和刀具位置，根据需要进行微调；切换到其他角度后，再返回需要的角度进行操作。

7）弯曲力度不够

处理方法：检查液压系统是否正常；检查钢筋是否正常放置，是否符合规定的材料；检查夹具的夹紧程度。

2. 钢筋弯曲机的维修保养

1）清洁和润滑

定期清除钢筋弯曲机表面的灰尘和杂物；使用适当的清洁剂和软布清洁机器的外壳；检查润滑部件，如滚轴、链条等，确保润滑油充足并正常工作。

2）检查和修理

定期检查电线、插头等电气部件，确保无暴露的电线和短路风险；注意观察机器运行中的异常声音、振动或其他问题，并及时采取措施予以解决；如发现需要修理的情况，及时联系专业技术人员进行维修。

3）检验和校准

定期进行设备的检验和校准工作，检查钢筋弯曲机的操作准确性和稳定性，确保其在使用过程中输出的产品符合要求。

4）安全措施

每次使用前，确保所有安全设备和保护装置正常运行；维护完毕后，切勿忘记关闭电源并将钢筋弯曲机放置在适当的位置。

第一节　测量

（一）建筑物垂直度的测量

乡村建筑物一般不超过 3 层，在建筑施工过程中及竣工验收前，为保证建筑上部结构或墙面、柱等与地面铅垂，需要进行建筑物垂直度观测，一般是用铅锤或激光水平仪来测量建筑物的垂直度。

1. 铅锤测量垂直度

如图 10-1 所示，当建筑上部结构或墙面施工到一定高度后，采用吊锤球法测量垂直度，操作人员可手持铅锤线一端，让铅锤自然下垂，操作人员面向墙面，观察墙角线与铅锤连接线是否重合，若重合，则墙面垂直；若不重合，则墙面有倾斜。此时，可以用尺子分别量取墙面下部、中部、上部铅锤连接线与墙面的距离，记录并与标准对比。

图 10-1　铅锤观测法

也可使用铅锤配合铝合金靠尺进行观测，使用时，让靠尺紧贴墙面，观察（读取）铅锤连接线偏移的距离，如图 10-2（a）所示；当铅锤连接线偏移铝合金靠尺中心红线时如图 10-2（b）所示，说明墙面有倾斜；可使用塞尺测量倾斜大小，观察铝合金靠尺与墙面最大缝隙，放入塞尺，进行测量如图 10-2（c）所示。

（a）靠尺紧贴墙面　　　　　（b）铅锤连接线偏移靠尺中心红线　　　　　（c）塞尺进行测量

图 10-2　铅锤、铝合金靠尺观测法

2. 激光水平仪测量垂直度

激光水平仪观测与铅锤观测类似，方法为将激光水平仪放置在操作人员所在墙面下，整平，打开竖向激光，底部对准墙角外边线，眼睛观察墙面外边线与激光是否重合，若重合，则墙面垂直；若不重合，则墙面倾斜。此时，可以用钢卷尺分别量取墙面下部和上部激光与墙面的距离，记录并与标准对比。

（二）室外道路、构筑物、景观测量定位

室外道路、构筑物、景观测量定位可采用直角坐标法。

1. 建立平面控制坐标系

建立平面控制坐标系是测量定位的前提，条件允许的情况下，应建立大地坐标系，若条件不具备，可建立独立平面直角坐标系。

如图 10-3 所示，在靠近室外道路、构筑物、景观处，选择合适位置，钉木桩，桩顶部钉钢钉或用铅笔画十字记为点 A，用卷尺沿着靠近室外道路、构筑物、景观位置拉出固定距离（假定为 50m），钉木桩，桩顶部钉钢钉或用铅笔画十字记为点 B。可以设计 A 点、B 点分别为（1000，1000）、（1000，1050）。此时，完成坐标系建立。

2. 室外道路、构筑物、景观测量定位工作

对室外道路、构筑物、景观等进行点线面简化处理，可以理解为均由特征点构成。室外道路直线段由起点、始点两点构成，弯道段一般由三个点构成；构筑物选取角点；如果是独立景观，如独立树，以单点表示，林地、果园、草地、苗圃等有范围的景观，以连续曲线勾绘，再选择曲线上特征点。

如图 10-3 所示，以 AB 方向为 X 轴，找出 1 号特征点在 AB 连线上的垂足，用卷尺量出垂距 X_1、Y_1，则可以定出 1 号特征点。同理，确定其他点位。

最后，将所有点按照一定比例尺展绘到坐标方格纸上，完成图纸，如图 10-4 所示。

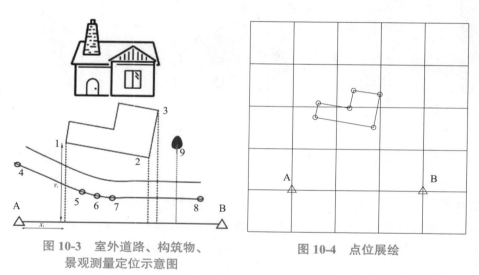

图 10-3　室外道路、构筑物、
景观测量定位示意图

图 10-4　点位展绘

<hr/>

第二节　放线

农房建设时，应根据设计图纸在实地放线，具体包括水准点引测和建筑物基坑边线、轴网控制线引测。

（一）水准点引测

根据乡村建设实际，施工场区的地坪标高一般与相邻建筑物标高一致，水准点引测一般有水准测量法和水平管测量法两种方法。

1. 水准测量

测设已知高程，是利用水准测量的方法，根据已知水准点，将设计高程测设到现场作业面上。在建筑设计和建筑施工中，为了计算方便，一般把建筑物的室内地坪用 ±0.000 表示，基础、门窗等标高都是以 ±0.000 为依据确定的。

如图 10-5 所示，某建筑物的室内地坪设计高程为 25.000m，附近有一水准点 A_1，其高程为 $H_1 = 24.110$m。现在要求把该建筑物的室内地坪高程测设到木桩上，作为施工时控制高程的依据。

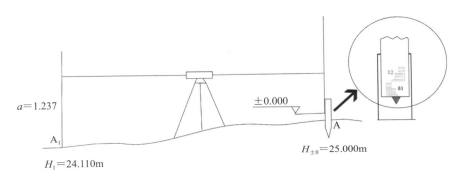

图 10-5　地面上测设已知高程

测设方法如下：

（1）在水准点 A_1 和木桩之间安置水准仪，在 A_1 点立水准尺，用水准仪的水平视线测得后视读数 a 为 1.237m，此时视线高程为：

$$H_i = H_1 + a = 24.110 + 1.237 = 25.347\text{m} \tag{10-1}$$

（2）计算 A 点水准尺尺底为室内地坪高程时的前视读数：

$$b = H_i - H_设 = 25.347 - 25.000 = 0.347\text{m} \tag{10-2}$$

（3）上下移动竖立在木桩侧面的水准尺，直至水准仪的水平视线在尺上截取的读数为 0.347m 时，紧靠尺底在木桩上画一水平线，其高程即为 25.000m。

（4）为了醒目，通常在横线下用红油漆画"▼"，若该点为室内地坪，则在横线上注明 ±0.000。

2. 水平管测量

取一段长为 5～10m 的透明水管（直径 10mm），利用连通器的原理，连通器的两端都是敞口，两端水位是一样的高度。如图 10-6 所示，在相邻建筑物外墙用铅笔做一记号，用钢卷尺量取此记号与此建筑物地坪垂直距离 S。然后，将加入水的透明水管一端贴近记号 A 处，另一端贴近在建墙体 B，慢慢动作提升或者下降 A 处水管，当 A 处水位线与记号平齐，水位线稳定不变，用铅笔在墙体 B 处对齐水管水位线画横线，此线高度与 A 处高度相等。再用钢卷尺量向下取 S 距离，即为地坪位置。注意，水管中不能有气泡，否则影响测量结果。

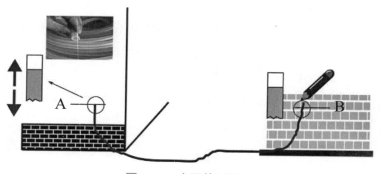

图 10-6　水平管测量法

（二）建筑物基坑边线、轴网控制线引测

建筑物基坑边线、轴网控制线引测属于建筑物的放线内容，如图 10-7 所示，程序为：根据图纸标定左上角 C_1 点和通过 C_1 点的竖向轴线，利用直角尺或勾股定律确定通过 C_1 点的横向轴线。然后详细测设其他各轴线交点的位置，并将其延长到安全的地方做好标志。基坑边线以细部轴线为依据，按照开挖尺寸用白灰撒出建筑物基坑开挖边线。具体放样方法如下：

1. 测设细部轴线交点

如图 10-7 所示，A 轴、C 轴、①轴和⑤轴是四条建筑物的外墙主轴线，其轴线交点 A_1、A_5、C_1 和 C_5 是建筑物的定位点。

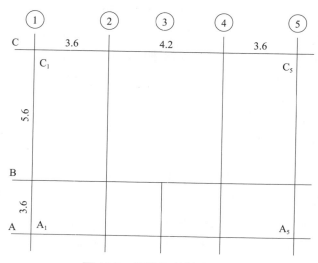

图 10-7　测设细部轴线交点

1）定向

某农房长宽主轴线尺寸是 11.4m×9.2m，如图 10-8 所示，在 C_1 处钉木桩，沿着 C_1A_1 方向（此方向大致与审批红线边线或原有宅基地边线平行），使用钢卷尺量取 9.2m，钉木桩即为 A_1。C_1 桩顶部钉钢钉或用铅笔画十字记为点 C_1，以钢钉处为起点，沿着 C_1A_1 方向量取 3m，钉木桩，上面钉钢钉或用铅笔画十字，记为点 D；再按照同样方法，沿着 C_1C_5 方向（此方向大致与审批红线边线或原有宅基地边线平行），以点 C_1 为起点，固定距离（此时设置钢卷尺长度为 4m）为半径，在 C_1C_5 方向用铅笔画圆弧（地面可放置一块砖或者木板，圆弧在其上绘制），再按照同样方法，以点 D 为起点，固定距离（此时设置钢卷尺长度为 5m）为半径，在 C_1C_5 方向画圆弧，两圆弧交点即为 F 点，此时即确定 C_1C_5 方向，与 C_1A_1 方向垂直。从 C_1 处拉细绳，使细绳严格经过 F 点，C_1C_5 距离为 11.4m，即确定 C_5 位置。按照确定点 C_5 的方法，利用钢卷尺量距离，确定点 A_5 和剩下的轴线控制桩。最后，利用细绳将建筑物四个角点连接起来。

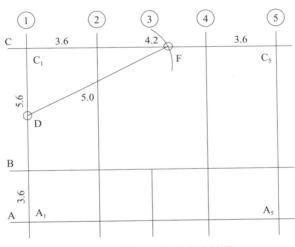

图 10-8　圆弧相交法确定轴线

2）定交点

当轴线控制桩已在地面上测设完毕，即可测设次要轴线与主轴线的交点。依然按照量距离方法定位交点。各细部轴线点测设完成后，应在测设位置打木桩（桩上钉小钉），这种桩称为中心桩。测设完最后一个交点后，用钢尺检查各相邻轴线桩的间距是否等于设计值，相对误差不应超过规范要求。

2. 建筑物基坑边线引测

如图 10-9 所示，先按基础剖面图给出的设计尺寸计算基槽的开挖宽度 d。

$$d = b_1 + 2（c + b_2）\tag{10-3}$$

$$b_2 = pH\tag{10-4}$$

式中，b_1 为基底宽度，可由基础剖面图中查取，c 为施工工作面宽度，H 为基槽深度，p 为边坡坡度的分母，b_2 为边坡坡度计算出的水平距离。根据计算结果，在地面上以轴线为中线往两边各量出 $d/2$，拉线并撒上白灰，即为开挖边线。如果是基坑开挖，则只需按最外围墙体基础的宽度、深度及放坡确定开挖边线。乡村建筑开挖边线也可按照以轴线为中心线，两边扩宽 0.4～0.5m 放线，撒白石灰，确定建筑物基坑边线，见图 10-10。

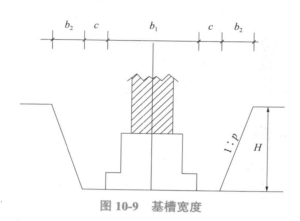

图 10-9　基槽宽度

图 10-10　基坑槽开挖

3. 轴网控制线引测

本书第六章第二节（四）建筑物各层轴线、控制线的引测已经介绍了外吊锤球法和经纬仪法引测轴网控制线。这里主要介绍轴线控制点的设置以及内部吊线坠法和激光铅垂仪法引测轴线控制网。

1）轴线控制点的设置

在基础施工完毕后，在 ±0.000 首层平面上适当位置设置与轴线平行的辅助轴线。辅助轴线距轴线 500～800mm 为宜，并在辅助轴线交点或端点处埋设标志，如图 10-11 所示。以后在各层楼板位置上相应预留 200mm×200mm 的传递孔，在轴线控制点上直接采用吊线坠法或激光铅垂仪法，通过预留孔将其点位垂直投测到任一楼层。

2）吊线坠法

吊线坠法是利用钢丝悬挂重锤球的方法进行轴线竖向投测。锤球的重量为10～20kg，钢丝的直径为0.5～0.8mm。投测方法如下：

如图10-12所示，在预留孔上面安置十字架，挂上锤球，对准首层预埋标志。当锤球线静止时，固定十字架，并在预留孔四周作出标记，作为以后恢复轴线及放样的依据。此时，十字架中心即为轴线控制点在该楼面上的投测点。

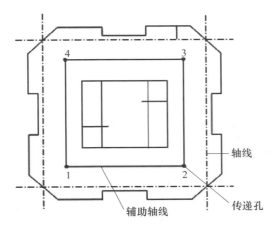

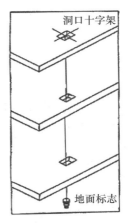

图 10-11　内控法轴线控制点设置　　　图 10-12　吊线坠法投测轴线

【小贴士】用吊线坠法实测时，要采取一些必要措施减少摆动，如用铅直的塑料管套着坠线或将锤球沉浸于水（或油）中。

3）激光铅垂仪法

激光铅垂仪上设置有两个互呈90°的管水准器，并配有专用激光电源。如图10-13所示。

激光铅垂仪投测轴线示意如图10-14所示，其投测方法如下：

（1）在首层轴线控制点上安置激光铅垂仪，利用激光器底端（全反射棱镜端）所发射的激光束进行对中，通过调节基座整平螺旋，使管水准器气泡严格居中。

（2）在上层施工楼面预留孔处，放置接收靶。

（3）接通激光电源，启动激光器发射铅直激光束，通过发射望远镜调焦，使激光束会聚成红色耀目光斑，投射到接收靶上。

（4）移动接收靶，使靶心与红色光斑重合，固定接收靶，并在预留孔四周作出标记，此时，靶心位置即为轴线控制点在该楼面上的投测点。

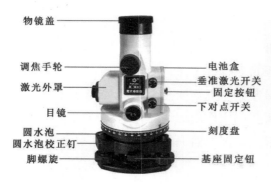

物镜盖
调焦手轮
激光外罩
目镜
圆水泡
圆水泡校正钉
脚螺旋
电池盒
垂准激光开关
固定按钮
下对点开关
刻度盘
基座固定钮

图 10-13　激光铅垂仪

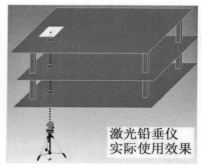

激光铅垂仪
实际使用效果

图 10-14　激光铅垂仪投测轴线

第十一章　工程施工

第一节　加工制作

（一）模板的制作

1. 模板的配置

1）模板的配模要求

（1）模板配置应遵循先大块、后小块的先后顺序，防止盲目下料切割。凡宽度大于200mm的应加以利用。模板采取对缝组拼，墙、柱模以竖向组拼为主，梁侧模以水平组拼为主，最大限度地减少拼缝和模板的裁切。

（2）配模时，板底模压梁侧模，梁侧模夹梁底模，梁模板不能伸入柱模缺口内。

（3）模板配置时，应尽可能多配置整板、大块板，整板放置在边缘处，小块板放置在中间。模板配置最小尺寸尽量不小于200mm，以达到重复利用的目的。

（4）对每个构件进行编号，配模后对所配置的每一块模板进行编号统计。

（5）配模应考虑对拉螺栓开孔位置，尽量保证每张整板的开孔位置固定，以便多次周转。

2）模板的配置方法

配置模板前应首先熟悉图纸，把较为复杂的混凝土结构分解成形体简单的构件。按照构件的形体特征和它在整个结构和建筑构件中的位置，考虑采用经济合理的支模方式来确定模板的配置方法。由于构件的形状尺寸的多样性，各种模板的配法因构件而异。

（1）按设计图纸尺寸直接配置模板

形体简单的结构构件，可根据结构施工图纸直接按尺寸列出模板规格和数量进行配置。模板厚度、横挡及楞木的断面和间距，以及支撑系统的配置，都可按支承要求通过计算选用。

（2）采用放大样方法配置模板

形体复杂的结构构件，如楼梯，可在平整地坪上按结构尺寸画出结构构件的实样，量出各部分模板的准确尺寸或套样模板，同时确定模板及其安装的节点构造，进行模板的制作。

（3）用计算方法配置模板

形体复杂不易采用放大样方法，但有一定几何形体规律的构件，可用计算方法结合放大样的方法，进行模板的配置。

（4）用结构表面展开法配置模板

对于形体复杂的结构构件，由各种不同的形体组合成的复杂体，其模板的配置就适合采用展开法，先画出模板平面图和展开图，再进行配模设计和模板制作。

3）模板的编号

根据模板总体方案，将配置好的模板在反面编号并写明规格，分别堆放保管，以免错用。

（1）模板及支撑系统应按使用的不同层次、部位和先后顺序进行编号堆放，在周转使用中均应做到配套编号使用。

（2）模板的配置、编号、施工顺序安排，应由工匠负责组织设计并管理指导，以便用料合理，安装、运输方便，综合利用率高，防止在实际操作中，出现乱拖乱用和浪费材料现象。

（3）应加强模板和支撑体系的通用性和模数化，以便编号简单、使用方便。

（4）模板的编号应用醒目标记，标注在模板的背面，并注明规格尺寸、使用部位等。支撑体系的各部件也应分类放置，标注明确，以便按不同需要使用。

2. 梁模板体系的配置

梁模板配置要点包括模板形式、支撑体系选择、支撑体系的施工方案、梁板模主次龙骨的选择、布置、间距设计等。

梁底模板及侧模板一般采用18mm厚木模板，梁模板采用侧包底形式。梁底两侧主龙骨采用90mm×90mm木方，其余地方采用50mm×（90～100）mm木方，梁底木方间距不大于200mm布置，模板方案设计中，应对梁底立杆间距设计计算确定，如图11-1所示。梁侧模板用木方40～50mm，侧边底钉40～50mm的压条。梁底支撑架水平杆步距一般为1800mm，扫地杆均距离楼面200mm。

楼板的模板木方50mm×（90～100）mm，间距400～500mm布置，板下立杆间距≤1200mm×1200mm，立杆底部设通长垫板和纵横向的扫地杆。

3. 模板的加工制作

（1）模板加工人员要严格按照模板的使用要求进行加工。加工前，木工工匠应先根据配板方案在模板上画线，用台锯或电圆锯切割下料。

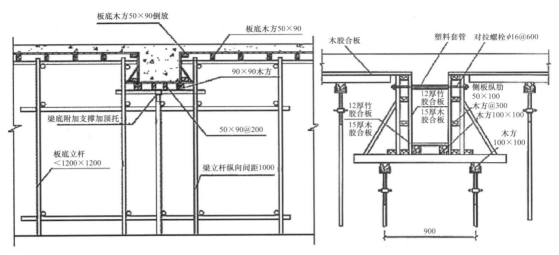

图 11-1　梁模板体系的配置示例

（2）所有加工、组装完的模板，都必须经过检查验收，合格后方可使用。

（3）模板制作应保证规格尺寸准确，棱、角平直光洁，面层平整，拼缝严密，误差不大于 2mm。

（4）新制作的模板应进行试组装，模板制作和安装要实行样品先行制度，待样品验收合格后再大批量制作或安装。

（5）模板制作翻样尽量做到能通用、周转，便于组装和支拆。

（6）模板的裁切时，应经过电刨刨直，保证顺直，尺寸准确。

（7）木胶合板裁口边涂封口胶或封口漆。

（8）木胶合板模板加工的质量要求见表 11-1。

木胶合板模板加工的质量要求　　　　　　　　　　　　　　　表 11-1

检查内容	允许误差（mm）
长度	2
宽度	2
对角线	4
边缘平直	2
边缘毛刺	无

（9）龙骨制作。主、次龙骨应两面刨光，方木过刨质量要求见表 11-2。

方木过刨质量要求　　　　　　　　　　　　　　　表 11-2

检查内容	允许误差（mm）
边长	2

检查内容	允许误差（mm）
弯曲（通长）	3
扭曲	无

（二）架体材料的准备

脚手架不仅可以提供工作平台和安全防护，还能为施工提供便利。对于乡村建设工匠来说，架体材料的选用和准备至关重要。

1. 架体材料的选用

1）根据施工需求选用架体材料

乡村建设应先确定脚手架类型，再选择脚手架材料。选择时应根据工程的高度、施工环境、材料的质量和价格等因素进行综合考虑。金属脚手架耐用、负荷能力强；木竹脚手架则轻便、成本稍低。

2）确保架体材料的质量

无论是金属脚手架还是木竹脚手架，都需要检查其质量。在工地上，要对脚手架材料进行严格管理，包括清点、登记、分类存放等。

2. 架体材料的准备

架体材料的准备分自有（购）和租赁两种形式。有些带头工匠项目较多，自己购置脚手架来满足建设需要；大多数乡村建设脚手架工程都"双包"（脚手架材料费与搭设人工费用租赁公司统一承包，俗称"双包"）。

1）租赁脚手架

乡村房屋建设一般采用脚手架分包的方式，即一般按照总建筑面积计算脚手架每平方工期内的双包单价，承租方应与出租方签订租赁合同和质量安全协议，明确双方的质量安全责任。

目前，建筑脚手架租赁材料有钢管、扣件、工字钢、槽钢、短管、套管、卡件、铁网，其他为建筑辅材。普通脚手架租赁即租赁物按单个（每套、每吨、每米、每只）元/天的计算方法，租期按天计算。扣件式钢管脚手架租赁可以按米算租赁费，也可以按吨算租赁费，一般按吨来计算费用，理论重量 300m/t，一般每天 4.5 元/t。地区之间不同，租赁的时间不同，具体的计算方法不一样，所以最终的租赁费用也不太一样，具体以市场为准。

脚手架有多种类型，如扣件式钢管脚手架、门式脚手架、轮扣式脚手架、盘扣式脚手架等，相应价格有很大区别。不管搭设哪种类型的脚手架，脚手架所用的材料和加工质量必须符合规定要求，绝对禁止使用不合格材料搭设脚手架，以防发生意外事故。

2）自有（购）脚手架

如果带头工匠自有（购）脚手架，架体材料准备还包括确定所需数量和尺寸，根据项目的规模和需求，进行合理的计划和采购，可以根据供应商提供的固定尺寸选择合适的数量。对于木脚手架，根据实际长度和宽度来购买足够的木材，并根据需要进行切割。自购脚手架时，需要进行质量检测和验收，以确保所购买的架体材料符合相关标准和规定。

【小贴士】准备架体材料时，要确保材料的安全储存和运输。对于木材脚手架，应尽量避免暴露在潮湿和阳光直射的环境中，以防止腐烂和变形。金属脚手架应存放在通风干燥的地方，以避免生锈和腐蚀。在运输过程中，应使用合适的工具和装置，确保材料的稳定和安全。

第二节　现场施工

（一）模板拆除时间的判断

模板拆除时间与混凝土强度的增长速率、强度等级、混凝土配合比、施工环境温度、湿度等因素密切相关，需要具体情况具体对待。

1. 模板拆除规定

拆模时混凝土的强度应符合设计要求；当设计无要求时，应符合下列规定：

（1）非承重的侧模板，包括梁、柱、墙的侧模板，只要能保证混凝土表面及棱角不因拆除模板而受损坏，即可拆除。

（2）承重模板，包括梁、板等水平结构构件的底模，应根据与结构同条件养护的试块强度达到表11-3的规定，方可拆除。

（3）在拆模过程中，如发现实际混凝土强度并未达到要求，有影响结构安全的质量问题时，应暂停拆模，经妥当处理，实际强度达到要求后，方可继续拆除。

底模拆除时的混凝土强度要求   表 11-3

构件类型	构件跨度（m）	达到设计的混凝土立方体抗压强度标准值的百分率（%）
板	≤ 2	≥ 50
	> 2，≤ 8	≥ 75
	> 8	≥ 100
梁	≤ 8	≥ 75
	> 8	≥ 100
悬臂构件		≥ 100

（4）已拆除模板及其支架的混凝土结构，应在混凝土强度达到设计的混凝土强度标准值后，才允许承受全部设计的使用荷载。当承受施工荷载的效应比使用荷载更为不利时，必须经过核算，加设临时支撑。

（5）拆除芯模或预留孔的内模，应在混凝土强度能保证不发生塌陷和裂缝时，方可拆除。

（6）拆模的顺序和方法，应按照模板工程施工方案的要求进行，或采取先支的后拆、后支的先拆，先拆非承重模板、后拆承重模板的原则进行拆除。

（7）拆除的模板必须随拆随清理，拆除的方木和模板必须随拆随成捆成堆堆放。

（8）拆模时下方不能有人，拆模区应设警戒线，以防有人误入被砸伤。

（9）拆除模板时，不能采取猛撬，以致大片混凝土塌落。

（10）拆除完的模板严禁堆放在外脚手架上。

2. 现浇楼盖及框架结构拆模

（1）现浇楼板或框架结构模板的拆除顺序：拆柱模斜撑与柱箍→拆柱侧模→拆楼板底模→拆梁侧模→拆梁底支撑系统→拆梁底模。

（2）拆除模板时，要站在安全的地方。

（3）拆除模板时，严禁用撬棍或铁锤乱砸，对拆下的大块木胶合模板要有人接应拿稳，应妥善传递并放至地面，严禁抛掷。

（4）拆下的支架、模板应及时拔钉，按规格堆放整齐，工程完成后模板应吊到指定地点堆放，严禁将模料从高处抛掷。

（5）拆除跨度较大的梁下支柱时，应先从跨中开始，分别向两端拆除。

（6）对活动部件必须一次拆除，拆完后方可停歇，如中途停止，必须将活动部分固定牢靠，以免发生事故。

（7）模板立柱有多道水平拉杆，应先拆除上面的，按由上而下的顺序拆除，拆除最后一道连杆应与拆除立柱同时进行，以免立柱倾倒伤人。

3. 现浇柱子模板拆除

（1）拆除要从上到下，模板及支撑不得向地面抛掷。

（2）应轻轻撬动模板，严禁锤击，并应随拆随按指定地点堆放。

（3）柱模板拆除顺序如下：拆除斜撑或拉杆（或钢拉条）→自上而下拆除柱箍或横楞→拆除竖楞并由上向下拆除模板连接件、模板面。

4. 模板拆除时间的确认

1）非承重模板拆模时间

规范规定不承重的侧面模板，混凝土强度达到 2.5MPa 以上，方能保证混凝土表面及棱角不因拆模而损坏时才能拆除。混凝土表面质量要求高的部位，拆模时间宜晚一些。

2）承重模板拆模时间

钢筋混凝土结构的承重模板，要等混凝土强度（用与结构同条件养护的试块试验）达到表 11-3 的规定值（按混凝土设计强度等级的百分率计算）才能拆除。

3）模板拆除时间

（1）具体拆模时间的估算是一件复杂的事情。混凝土强度的增长与强度等级、混凝土配合比、施工环境温度和湿度等因素密切相关。这些因素相互关联，相互影响，很难分离出来进行单独考虑。

一般来说，养护温度越高，混凝土所需养护的时间越短，拆模时间也越短。冬期施工所需的养护时间几乎是常温季节时的 2 倍甚至更多。混凝土的强度增长是随着龄期的增加而逐渐增长，温度越高，增长速率相对越快，混凝土强度等级越高，增长越快，反之温度越低，增长越慢，混凝土强度增长曲线如图 11-2、图 11-3 所示。混凝土前期强度增长速率较快，后期随着龄期的增加逐渐变缓，一般来说，25℃左右 3 天强度可以达到 28 天强度的 40%～50%，7 天强度可以达到 28 天强度的 80%～90%，达到 100% 强度所需的养护时间几乎是 75% 强度所需时间的 2 倍甚至更多。

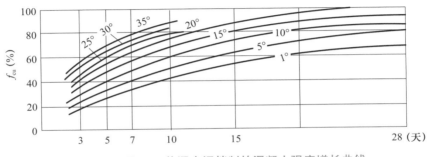

图 11-2　用 42.5 普通水泥拌制的混凝土强度增长曲线

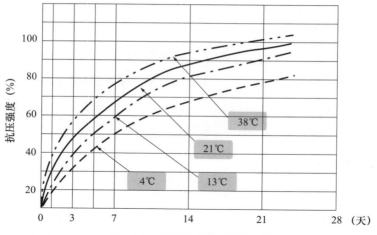

图 11-3　混凝土强度增长曲线

（2）在估算混凝土拆模时间时，应准确了解混凝土强度增长规律及温度变化对混凝土强度的影响，需要进行必要的试验，积累一定的试验数据，对日常试验资料进行统计分析。认真做好施工现场气温记录（气象预报温度与实际有一定误差，只能作为参考）。如果乡村建设有条件留取试块，拆模前尚需对同条件养护试块进行试压，并根据试压结果确定能否拆模。

（3）施工温度的日平均气温不低于20℃，在正常的施工中，拆模时间参考如下：

柱、墙、梁不做支撑的侧模拆模时间：24小时；

单向板（净跨距离3～6m，活载重不大于静载重）：7天；

单向板（净跨距离3～6m，活载重大于静载重）：4天；

单向板（净跨距离6m，活载重不大于静载重）：10天；

单向板（净跨距离6m，活载重大于静载重）：7天；

梁底模（净跨距离3～6m，活载重不大于静载重）：14天；

梁底模（净跨距离3～6m，活载重不大于静载重）：7天；

梁底模（净跨距离6m，活载重不大于静载重）：21天；

梁底模（净跨距离6m，活载重大于静载重）：14天。

（4）如果需预先估计模板拆模时间，可参考表11-4。

拆模时间估计参考值　　　　　　　　　　　　　表 11-4

按设计强度的百分率计（%）	水泥		硬化时昼夜的平均温度（℃）					
	品种	标号	5	10	15	20	25	30
			模板拆除期限（天）					
50	普通水泥	325	12	8	6	5	4	3
		425	10	7	6	5	4	3

按设计强度的百分率计（%）	水泥		硬化时昼夜的平均温度（℃）					
	品种	标号	5	10	15	20	25	30
			模板拆除期限（天）					
50	矿渣水泥	325	21	13	10	8	6	5
		425	18	12	10	9	7	6
70	普通水泥	325	28	20	14	10	9	7
		425	20	14	11	9	7	6
	矿渣水泥	325	32	25	18	14	11	9
		425	30	21	16	14	12	10
100	普通水泥	325	55	45	35	28	21	18
		425	50	40	30	28	20	18
	矿渣水泥	325	60	50	40	28	24	20
		425	60	50	40	28	24	20

5. 模板的维护与修理

拆除后的木模板应进行清理维修，首先将模板表面清理干净，堵螺栓孔，对模板棱角进行检查，发现模板边有毛刺、掉角现象，要进行切割、刨光、封漆或更换处理。要求板面平整干净，板面起毛、剥层、严重破损的予以更换，然后按需要重新配置模板。

（二）简单木制品的制作与安装

1. 木门窗的制作与安装

1）普通木门的组成和结构

普通木门由门樘（门框）、门扇和五金附件组成，其中镶入墙内固定不动的木框称为门樘；开关部分称为门扇。如果门上需设小窗，该窗称为腰窗（或称为亮子），各部分名称如图 11-4 所示。

（1）门樘结构

木门的种类虽多，但门樘的结构基本相同。它由两根樘子梃，即一根樘子冒头和四块木砖组成。若木门设有腰窗，需加一根中贯挡。樘子梃和樘子冒头的榫接合有两种形式：若是"立樘子"（即先将门樘竖直校正，再砌墙固定），那么樘子冒头两端各需留出 120mm 长的"走头"，用于砌墙时固定樘子；若是"撑樘子"（即先将墙砌好，并把木砖砌入，留下门樘孔，再将樘子镶入），那么樘子冒头无需留走头，当樘子镶入墙孔时，用圆钉将樘子梃钉在预先砌入的木砖上，如图 11-5 所示。

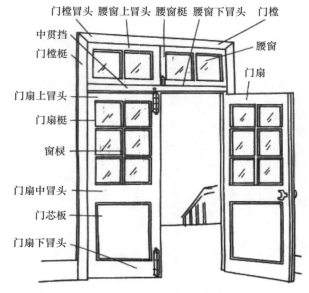

门樘冒头　腰窗上冒头　腰窗梃　腰窗下冒头　门樘

中贯挡

门樘梃

腰窗

门扇

门扇上冒头

门扇梃

窗棂

门扇中冒头

门芯板

门扇下冒头

图 11-4　木门的组成和结构

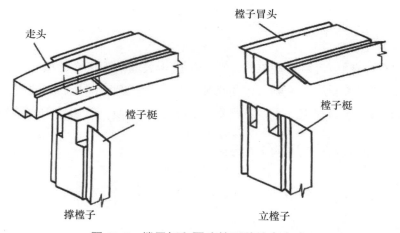

走头

樘子冒头

樘子梃

樘子梃

撑樘子

立樘子

图 11-5　樘子梃和冒头的两种结合方式

当采用"撑樘子"时，还须在樘子梃外侧（靠墙面）凿燕尾榫眼，以备砌墙时安装燕尾榫木砖，固定门樘（每根梃至少两块木砖）。樘子梃和中贯挡采用双榫接合，樘子梃凿透眼，中贯挡开全榫。

（2）门扇结构

门扇由两根门梃和上、中、下冒头（一般镶板门的中、下冒头宽度基本相同）及门芯板组成。门梃和上冒头采用双肩定位半榫接合，门梃凿透眼，上冒头开全榫；门梃和中冒头采用双肩单榫接合（若中冒头较宽，需用双肩两分榫结合），门梃凿透眼，中冒头开全榫；门梃和下冒头采用双肩两分榫接合，门梃凿透眼，下冒头开全榫。在门梃和冒头上，刨一条和门芯板厚一样宽的槽，待门框敲合后再镶入门芯板，并钉上镶条。

2）木窗的种类和结构

按照木窗的开关形式，窗可大体分为平开窗、推拉窗、固定窗、悬窗、立转窗等。其中平开玻璃窗在民用建筑中用得较多，窗的开向分为内开和外开两种。当窗扇高度大于1.2m时，木窗应设气窗。普通木窗由窗樘、窗扇和五金附件组成。其中镶入墙内固定不动的木框称为窗樘，配有玻璃的转动部分称为窗扇。平开木窗的组成和结构如图11-6所示。

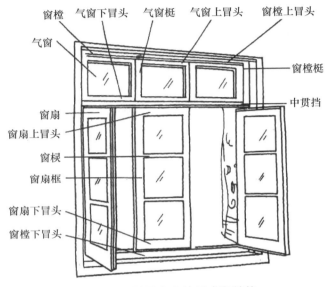

图11-6 平开木窗的组成和结构

（1）窗樘结构

窗樘（又称窗框）由窗樘梃和上、下冒头组成，设有腰窗（即亮子）的窗樘还应设有贯挡。窗樘梃与上、下冒头采用榫接合，在冒头上凿透眼，樘梃端锯榫头。如果采用立樘子，应在上、下冒头两端各留出长度为120mm的走头。中贯挡与樘子梃的接合，是在中贯挡两头锯榫头，樘子梃上凿透眼。

（2）窗扇结构

窗梃和上、下冒头的接合采用双肩定位半榫，窗梃凿透眼，窗冒头锯全榫；窗梃和窗棂的接合采用双肩明榫，窗梃凿透眼，窗棂锯全榫（当窗冒头和窗棂接合时，应采用暗榫）。

3）木门窗的制作

木门窗制作程序：放样、配料和截料、刨料、画线、凿眼、开榫和拉肩、裁口和起线、拼装、编号。

（1）放样

放样时，先根据详图将门窗各部件的详细尺寸，足尺画在样杆上。一根样杆可画两面，一面画门窗的纵剖面，另一面画门窗的横剖面。放样时，先画出门窗的总高及总宽，再定出中贯挡到门窗顶的距离，然后根据各剖面详图依次画各部件的断面形状及相互关系。样杆放好后，要经过仔细校核才能使用。样杆是配料、截料和划线的依据，也是制作门窗过程中检查各部件及检验成品的标准。少量门窗的制作，可不做样杆，直接从门窗详图上计算出各部件的断面尺寸及长度。

（2）配料、截料

配料是在放样的基础上进行的，因此要计算出各部件的尺寸和数量，列出配料单。门窗料一般是按板方材规格料供应的，因此各部件的毛料断面尺寸应尽可能符合规格料的尺寸，以免造成浪费。长度按需要截配。考虑门窗料在制作时的刨削、拼装等损耗，各部件的毛料尺寸一定要比净料尺寸加大些，具体加大量可参考如下：

断面尺寸（宽度和厚度的加大量）：单面刨光加大 1～1.5mm，双面刨光加大 2～3mm；当机械加工时，成品料一面刨光者加大 3mm，两面刨光者加大 5mm。

长度尺寸：长度方向的加大量见表 11-5。

各部件毛料尺寸的加工余量 表 11-5

序号	构件名称	加工余量
1	门框立梃	按图纸规格放长 70mm
2	门窗框冒头	按图纸规格放长 100mm，无走头时放长 40mm
3	门窗框中冒头	按图纸规格放长 10mm
4	窗框中竖梃	按图纸规格放长 10mm
5	门窗扇边梃	按图纸规格放长 40mm
6	门窗扇冒头	按图纸规格放长 10mm
7	玻璃梀子	按图纸规格放长 10mm
8	门扇中冒头	在 5 根以上者，有 1 根可考虑做半榫
9	门芯板	按冒头及扇梃内净距长、宽各放长 20mm

在选配的木料上按毛料尺寸画出截断、锯开线，考虑锯解木料的损耗，一般留出 2～3mm 的损耗量。锯时要注意锯线直、端平面。

【小贴士】配料时应精打细算，长短搭配，先配长料，后配短料；先配框料，后配扇料。门窗樘料有顺弯时，其弯度一般不超过 4mm，扭弯者一律不得使用。配料时还要注意木材的缺陷，节疤应躲开眼和榫头的部位，防止凿劈或榫头断掉；起线部位也禁止有节疤。青皮、倒楞如在正面，裁口时能裁完者，方可使用。如在背面超过木料厚的 1/6 和长的 1/5，一般不准使用。

（3）刨料

刨料时，宜将纹理清晰的材面作为正面，如图 11-7 所示。对于门窗框料可任选一个窄面为正面；对于门窗扇料，可任选一个宽面为正面。一般应在料的正面画上符号。对于门、窗框的梃及冒头可只刨三面，不刨靠墙的一面；门窗扇的上冒头和梃边只刨三面，靠框子的一面待安装时再刨。刨完后，应将同类型、同规格的框扇料堆放在一起，上下对齐，每两个正面相合，堆垛下面垫实平整。

图 11-7　刨料

（4）画线

画线是根据门窗的构造要求，在每根刨好的木料上画出榫头线、榫眼线等，如图 11-8 所示。画线前，要先确定哪些地方画榫头，哪些地方画榫眼，榫眼要多大、什么形式等。

图 11-8　画线

画线操作宜在画线架上进行。将门窗料整齐叠放在架上，排正归方，并在架顶上画出榫、眼位置，然后用 L 字尺依次对下来，将每根料的榫、眼的横线一齐画出。横线全部画好后，逐根取下来，画榫、眼的纵线。所有榫眼要注明是全榫还是半榫，全眼还是半眼。

【小贴士】画线时要注意，应挑选木料的光面为正面，有缺陷的放在背面；用画线刀或画线勒子画线时需用钝刃，避免画线过深，影响质量和美观；画线最粗不宜超过0.3mm，并且要均匀、清晰；不用的线要立即废除，避免混乱。

（5）打眼

为使榫眼结合紧密，打眼工序一定要与榫头相配合。打眼用的凿刃应和榫的厚薄一致，凿刃要锋利，打眼之前，应选择合适的凿刀，凿出的眼，顺木纹两侧要直。如图11-9所示。

图11-9　打眼

打眼的顺序是先打全眼，后打半眼，全眼要先打背面，凿到一半时，翻转过来再打正面，直到贯穿。眼的正面要留半条墨线，反面不留线，眼反面比正面略宽，这样装榫头时，可减少冲击，以免挤裂眼口四周。

打成的眼要方正，眼内要清净，眼的两端面中部宜稍微突出，以便榫头装进去时比较紧密。成批生产时，要经常核对，检查眼的位置尺寸，以免发生误差。

（6）开榫、拉肩

开榫就是按榫头线纵向锯开，拉肩就是锯掉榫头两旁的肩头，通过开榫和拉肩操作就制成了榫头，如图11-10所示。锯成的榫头要方正、平直，不准锯伤榫头。榫头线要留半线，以备检查。半榫的长度应比半眼的深度少2～3mm，锯榫时可用打眼凿的宽度与榫头对比一下，或将做好的榫头试着打入眼中。楔头倒棱，以防装楔头时将眼背面顶裂。

（7）裁口与倒棱

裁口就是在木料棱角处刨出边槽，供装玻璃用。裁口要用裁口刨操作，要求刨得平直，深浅、宽窄一致，不得凹凸不平；阴角处要清理干净，成直角。裁口遇有节疤时，不准用斧砍，要用凿剃平后再刨光。

倒棱也称为倒八字，即沿框刨去一个三角形部分。倒棱要平直、板实，不能过线。

图 11-10　开榫、拉肩

（8）拼装

拼装时应对部件进行检查。要求部件方正、平直、线脚整齐分明，表面光滑，尺寸、规格、样式符合设计要求，并用细刨将遗留墨线刨去、刨光。拼装的顺序一般是先里后外。拼装时，将榫头对准孔眼，用斧或锤轻轻敲入，敲打处要垫上硬木块，以免打坏榫头或打出痕迹；所有榫头应待整个门窗拼装好并归方后再敲实。木门窗的拼装如图 11-11 所示。

图 11-11　木门窗的拼装

门窗框的组装是把一根边梃的眼里再装上另一边的梃，用锤轻轻敲打拼合，敲打时要垫木块，防止打坏榫头或留下敲打的痕迹。待整个拼好后，再将所有榫头敲实，锯断露出的榫头。

门窗扇的组装方法与门窗框基本相同。

门窗框、扇组装好后，为使其成为一个结实的整体，必须在眼中加木楔，一般每个榫头内必须加两个楔子。加楔时，用凿子或斧子把榫头凿出一道缝，将楔子两面抹上胶插进缝内。敲打楔子要先轻后重，不要用力太猛。当楔子已打不动，眼已扎紧饱满，就不要再敲，以免木料龟裂。在加楔的过程中，对框、扇要随时用角尺或尺杆卡角找方正，并校正框、扇的不平处，加楔时注意纠正。

为防止在运输过程中门窗框变形，在门框下端钉上拉杆，拉杆下皮正好是锯口。大的门窗框，在中贯挡与梃间要钉八字撑杆，外面四个角也要钉八字撑杆，如图 11-12 所示。

【小贴士】门窗框组装、净面后，应按房间编号，按规格分别码放整齐，堆垛下面要垫木块。不准在露天堆放，要用油布盖好，以防止日晒雨淋。门窗框进场后应尽快刷一道底油，以防止风裂和污染。

4）门窗框的安装

门窗框安装前应对成品加以检验，房号、编号核对无误后再进行安装。门窗框的安装有先立框和后塞框两种方法。

（1）立框子

当墙砌到地坪时，开始立门框；当砌到窗台时开始立窗框。在立框前，要在地面或楼面上按建筑平面图放线，在墙上画出各门窗的中心线及边线。根据画线将门窗框立起，并用临时支撑杆撑住，用线坠或靠尺校正框子的垂直度，并检查框子标高是否正确，如图 11-13 所示，再用水平尺检查框子冒头是否水平，如发现不水平或不垂直现象，可采用挪动支撑的方法加以调整，或用木片或砂浆将框子下边垫起。

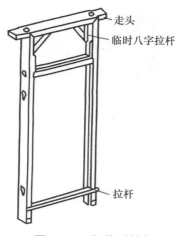

图 11-12　钉临时拉杆

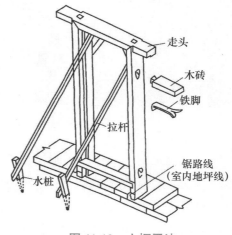

图 11-13　立框子法

立框时，应注意门窗扇的开关方向和在墙体中的位置，要按设计图纸的要求立框。同一轴线的门窗框应统一整齐，标高相同的同一排门窗框，可先立两端的两个框子，再在其间拉上通线，其他各框依照通线竖立，这样可以保证同排各框标高一致，同时，上下对应的窗框要对齐，可用线坠从上层沿框子梃边吊下来进行校核；立框子的支撑杆时，它的上端应钉牢于框子梃上部内侧，下端则分不同情况加以固定，如果是土地面，则可固定在木桩上，如果是混凝土地面，则应用砖块将支撑压住。应注意，支撑不能搭在脚手架上，以免因架子晃动造成框子移位，支撑杆要待该墙体全部砌完后才能拆除。

【小贴士】立框前，要随即在门窗框靠墙的一面刷上焦油沥青，以防腐蚀。也可在门窗框安装前事先涂刷。当墙体砌到放木砖位置时，要注意把燕尾木砖砌入墙内，将燕尾榫头接入门窗框边的燕尾槽内并校核门窗框的垂直度，如有不直，在放木砖时要随即纠正，否则以后难以纠正，并易发生门窗扇装不进框内的现象。

（2）塞框子

采用后塞框方法安装门窗框时，门窗洞口要按建筑平面图及剖面图所示的门窗大小留出，清水墙每边比门窗框加宽10mm，混水墙每边比门窗框加宽15mm。

砌墙时，门窗洞口两侧要按规定砌入木砖，木砖间距一般为800mm，最多不大于1.2m，且每边不少于两块，木砖尺寸以半砖为宜，如图11-14所示。塞框子时，先将框子试装于洞口中，四边用木楔临时塞住，用线坠校正框子的垂直，用水平尺校正冒头的水平，经校正无误后，即用钉将框子钉牢于木砖上，每处应钉两个，钉帽砸扁冲入框内。后塞框时应注意门窗扇的开关方向与设计图纸要求是否一致，各框子到墙面的距离要一致。

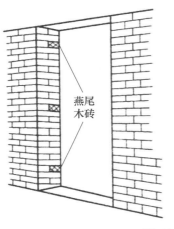

燕尾木砖

图 11-14　塞框子法

5）木门窗扇的安装

安装前应检查门窗扇的型号、规格、质量是否合乎要求，发现有问题的窗扇，应事先修好或更换。

（1）门窗扇的安装方法

安装门窗扇时，要量好框口净尺寸，考虑风缝的大小，再在扇上确定所需的高度和宽度，然后进行修刨。修刨时，先将梃的余头锯掉，对下冒头边略为修刨，再主要修刨上冒头；要对门窗梃两边同时修刨，不要单刨一边的梃；双扇门窗要对口后，再决定如何修刨两边的边梃。

如发现门窗扇高度上短缺，则应先将上冒头修刨后，决定出补钉板条的厚度。把板条按需要刨光，钉于下冒头下面。这时门窗梃下端的余头要留下，与板条面一齐修刨平，不要先锯尽余头再补钉板条。如发现门窗扇宽度上短缺，则应先将门窗梃修刨后，在装铰链一边的梃边补钉板条。

（2）合页的安装（以普通合页为例）

门窗合页的位置要恰当，一般合页距扇上下边的距离为扇高的 1 / 10，如 1.2m 长的扇，可制作 12cm 长的样板，在框及扇上同时画出一条位置线，这样做比用尺子量快而准，如图 11-15（a）所示。

把合页打开，翻成 90°，合页的上边对准位置线（如果装下边的合页，合页下边对准位置线）。左手按住合页，右手拿小锤，前后打两下（力量不要太大，以防合页变形）。拿开合页后，窗边上就会清晰地印出合页轮廓的痕迹。这就是要凿的合页窝的位置。这个办法比用铅笔画更快更准，如图 11-15（b）所示。

门窗扇刨好并画出合页位置线后，取下门窗扇，将合页贴在扇梃上画出合页槽的边线，同时在框梃内侧画出合页板的边线。按周边线和合页厚度在扇梃上开合页槽，且槽深度应略大于合页板的厚度，见图 11-15（c）。为了保证开关灵活和缝子均匀，窗口上合页窝的里边比外边（靠合页轴一侧）应适当深一些（约 0.8mm）。同样在框梃上开好合页槽。

合页槽开好后，将合页放入槽内，合页轴紧贴扇的边棱，用木螺钉将合页上紧。上木螺钉时，不得用锤一次打入，应先打入 1 / 3 后再用螺丝刀拧紧。

扇的合页上好后，将门扇立于框口，门扇下用木楔垫住，将门边调直，将合页片放入框的合页槽内，上下合页先各上一个木螺钉，试着开关门扇，检查四周缝隙，一切都合适后，打开门扇，将其他木螺钉上紧。

门窗扇装好后，要试开，不能产生自开和自关现象，以开到哪里可停到哪里为宜，如图 11-16 所示。

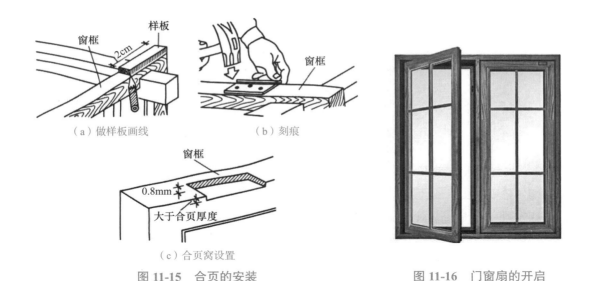

（a）做样板画线　　　（b）刻痕

（c）合页窝设置

图 11-15　合页的安装　　　　　　　图 11-16　门窗扇的开启

2. 铝合金门窗的安装

铝合金门窗安装流程：画线定位→铝合金门窗披水安装→防腐处理→铝合金门窗的就位→铝合金门窗固定→门窗框与墙体间隙的处理→门窗扇及门窗玻璃的安装→安装五金配件。

1）画线定位

（1）根据设计图纸中门窗的安装位置、尺寸和标高，依据门窗中线向两边量出门窗边线。若为多层建筑，以顶层门窗边线为准，用线坠或经纬仪将门窗边线下引，并在各层门窗口处画线标记，对个别不直的口边应剔凿处理。

（2）门窗的水平位置应以楼层室内 +50cm 的水平线为准向上反量出窗下皮标高，弹线找直。每一层必须保持窗下皮标高一致。

2）铝合金窗披水安装

按施工图纸要求将披水固定在铝合金窗上，且要保证位置正确、安装牢固。

3）防腐处理

门窗框四周外表面的防腐处理设计有要求时，按设计要求处理。如果设计没有要求时，可涂刷防腐涂料或粘贴塑料薄膜进行保护，以免水泥砂浆直接与铝合金门窗表面，产生电化学反应，腐蚀铝合金门窗。

4）铝合金门窗的就位

根据画好的门窗定位线，安装铝合金门窗框，并及时调整好门窗框的水平、垂直及对角线长度等符合质量标准，然后用木楔临时固定，如图 11-17 所示。

图 11-17　铝合金门窗安装

5）铝合金门窗的固定

（1）当墙体上预埋有铁件时，可直接把铝合金门窗的铁脚直接与墙体上的预埋铁件焊牢，焊接处需做防锈处理。

（2）当墙体上没有预埋铁件时，可用金属膨胀螺栓或塑料膨胀螺栓将铝合金门窗的铁脚固定到墙上。

（3）当墙体上没有预埋铁件时，也可用电钻在墙上打 80mm 深、直径为 6mm 的孔，用 L 形 80mm×50mm 的 6mm 长钢筋，在长的一端粘涂 108 胶水泥浆，然后打入孔中，待 108 胶水泥浆终凝后，再将铝合金门窗的铁脚与埋置的 6mm 钢筋焊牢。

6）门窗框与墙体间缝隙的处理

（1）铝合金门窗安装固定后，应先进行隐蔽工程验收，合格后及时按设计要求处理门窗框与墙体之间的缝隙。

（2）如果设计未要求时，可采用弹性保温材料或玻璃棉毡条分层填塞缝隙，外表面留 5～8mm 深槽口填嵌缝油膏或密封胶。

3. 木楼梯的制作与安装

由于木材本身有温暖感，加之与地板材质和色彩容易搭配，施工相对也较方便，所以乡村农房建设可以选用木楼梯。木楼梯由踏步板、踢脚板、三角木、休息平台、斜梁、栏杆及扶手组成，其结构形式按踏步板和斜梁的关系，分为明步木楼梯和暗步木楼梯。

1）木楼梯的构造

（1）不同结构楼梯的主体构造

① 明步木楼梯的主体结构及施工顺序为：首先在斜梁的上下端头做好吞肩榫，

再整体与平台的结构梁（或楼搁栅）及地搁栅直接连接，并用铁件加固；然后将踏步的三角木钉在斜梁上，踏步板和踢脚板再分别固定于三角木上，楼梯栏杆与踏步板间以及扶手与栏杆之间是以榫接的方式连接，最后所装踏步与墙体之间的踢脚板以及斜梁外的护板。

②暗步木楼梯的主体结构及施工顺序与明步木楼梯基本相同，只不过是其踏步板和踢脚板为暗嵌在斜梁的凹槽内，栏杆下端的凸榫也是插在斜梁上或斜梁上的压条内。

（2）木楼梯的主要功能尺寸

室内楼梯的坡度一般以20°～45°为宜，最好的坡度为30°左右，楼梯的舒适度主要在于踏步板，一般是高度较小、宽度较大为宜。因此在选择高宽比时，对同一坡度的两种尺寸以高度较小者为宜，踏步宽为240～300mm，这样可以保证脚的着力点落在脚心附近，使脚后跟的着力点有90%在踏步板上，踏步板的高度一般为150～170mm，较为舒适的高度为150mm左右，同一楼梯的各个梯段，其踏步的高度应该是相同的，以保证坡度与步幅关系的恒定。

根据住宅规范的规定，套内楼梯的净宽：当一边临空时不应小于750mm，当两侧有墙时，不应小于900mm；楼梯栏杆的高度应保持在1.00m以上，栏杆间的距离不少于110mm。

2）木楼梯的制作方法、要点

木楼梯的选材一般以硬木为主，尤其是作为主要承重的斜梁。

木楼梯施工及制作的工艺顺序为：按现场放样→配置各部件→安装搁栅与斜梁→钉三角木（明步木楼梯制作）→铺踏步板→安装栏杆、扶手→安装装饰性踢脚板及护板→钉挑口线。

（1）放样

木楼梯制作放样，首先应根据设计图样和要求，在现场做出平面的实际画样，即在起步楼层根据上下楼梯的总高度，按照楼梯踏步和休息平台的功能尺寸，计算出踏步的级数及宽度，然后在实地平面画出实样图，斜梁和三角板的实样画在楼层间的墙面，踏步三角按照设计图一般都是直角三角形，楼梯三角板的坡度与楼梯坡度是一致的，但在实际的制作中，需将交接点平移出10～20mm，按照新移出的点制作的三角形样板，称之为冲头三角板。

（2）零部件的配置

①配料。计算配料时要将榫头的尺寸计算在内，踏步板一般为30～40mm的实木板或机拼板，踢脚板的厚度一般为20～30mm，三角木的厚度一般为50mm。

②配件的制作要求。明步楼梯踏步板的长度要考虑挑出护板的尺寸，踢脚板与踏步板需要用开槽的方式连接。制作三角木时，应使三角木的最长边平行于木纹方

向，斜梁应将木纹和木节向上，斜梁与平台梁的榫肩应上口不留线，下口留半墨线。护板不宜预制，而是在踏步和踢脚完成后，根据其现有的形状制作，楼梯柱与踏步板及扶手必须是榫接，而且榫眼必须紧密牢固。

（3）搁栅与斜梁安装

安装前，先按施工图样定出地搁栅、休息平台搁栅和楼梯搁栅的中心线及标高的位置，施工时先安装搁栅后装斜梁，斜梁入榫后，应加铁件加固，底层斜梁的下端可做成凹槽压在垫木上。

（4）钉三角木

明步木楼梯需钉三角木，三角木的位置需在已做好的斜梁上画出，然后按线用长螺钉钉牢，每块三角木所钉螺钉不得少于两只，钉子钉入斜梁的深度不少于40mm，在钉钉子时不能使三角木开裂，两根斜梁上的三角木应标高一致，护板处的三角木必须与斜梁外侧面齐平。

（5）安装踏步板和踢脚板

踏步板和踢脚板连接的槽口要紧密，如不采用冲头三角木，则踏步板与踢脚板应互相垂直，相邻的踏步板和踢脚板均应互相平行，踏步板、踢脚板均用暗钉，顺着木纹钉入。

（6）安装栏杆、扶手

首先将栏杆榫接在踏步或斜梁的压条上，然后将已榫接好的扶手和楼梯柱一起安装到位，使之成为一个四方的整体，安装栏杆前，要检查其杆长、榫长及榫肩的斜度是否一致，否则会给后面的扶手安装带来难度，榫肩的斜度不一致则会造成肩缝不严密，影响扶手栏杆的整体美观性。

（7）安装靠墙踢脚板和护板

明步木楼梯的踏步板、踢脚板均凸出于斜梁侧面，因此在钉明步楼梯的护板前，为避免护板的塞线不准，需根据其凸出的厚度制作相同厚度的临时垫木，钉在斜梁的侧面，然后将护板料紧靠其上，用笔将已成形的踏步板及踢脚板的外形画在护板料上，再用细锯按线锯削即可，护板与踢脚板的交接应成45°角，护板经过严密的修整检查并符合要求后即可安装，靠墙踢脚板也需要经过现场的试方和修整，确定接缝严密后方可安装，钉前应在墙内预埋木榫，木榫的间距不大于750mm，护板或护墙踢脚板之间的搭接，需为45°斜接。

（8）钉挑口线

挑口线是遮挡接缝的，所以制作时要有较好的外观装饰性，并且表面光滑、平直。安装时，应预先做好长短的放样，切割断面要整齐均匀，用纹钉钉入。

4. 木栏杆、扶手的制作与安装

1）木栏杆、扶手的制作

（1）木楼梯扶手、栏杆均是根据设计断面，选用实木硬质材加工而成，可根据楼梯的走向将扶手加工成直段和弯曲段。

（2）根据设计要求及安装扶手的位置、标高、坡度校正后弹好控制线，然后根据立柱的点位分布图弹好立柱分布的线。

（3）扶手底开槽深度一般为 3～4mm，宽度一般不超过 40mm，将扶手底刨平、刨直后画出断面，然后将底部木槽刨出，再用线刨依顶头的断面线刨出成形，刨时注意留出半线余地，以免净面时亏料。

（4）采用榫接方法或螺钉将立柱固定，调整好立柱的水平、垂直距离，以及立柱与立柱之间的间距。

（5）立柱按要求固定后，将扶手固定于立柱上，弯头处按栏杆顶面的斜度配好起步弯头，弯头可用扶手料割配，采用割角对缝粘结，在断块割配区段内按不少于四个螺钉与支撑固定件连接固定。

2）木栏杆、扶手的安装

（1）检查与测量

安装木楼梯扶手前，要先进行检查与测量工作。检查固定木扶手的扁钢平顺、牢固，之后才能在扁钢上钻小孔固定木螺钉，再刷防锈漆。测量要用卷尺量出每段楼梯之间需要的木扶手长度，才能准确下料，下料还需要在测量好的尺寸基础上略加长。对于木扶手的拼接，要用专用开榫机开榫，每一梯段上榫接头不能超过一个。

（2）拉线、画线

安装木楼梯扶手，还要进行拉线和画线工作。需要对安装扶手的固定位置进行标高、坡度找位校正，再用弹线标记出扶手纵向线，还有折弯的位置和角度都要标记好。

（3）整修

安装木楼梯扶手要注意：扶手距离踏板的高度不能超过 90cm，这个高度准确，不能过矮小，也不能太高，而且栏杆之间的缝隙不能大于 11cm，间隙不能过大。安装完木楼梯扶手之后，还需要做好检查整修这一环节的工作，要对所有构件的连接处进行仔细的检查，安装木扶手拼接平顺、光滑。若有不平整之处要进行抛光，特别是扶手折弯处不够平顺的话，还要用细木锉锉平，让折角线清晰、坡角刚好，如图 11-18 所示。

（4）打磨、刷漆

扶手安装后，检查质量符合要求，就可以用砂纸对表面进行打磨光滑，再刮腻子进行补色，最后进行刷漆工作，颜色根据整体家装设计风格选择。

图 11-18　木楼梯、木栏杆、木扶手

（三）12m 以下木屋架的制作与安装

1. 木屋架的选型

木屋架常用方木或圆木连接，其形式有多种，三角形木屋架最实用。典型的三角形木屋架由上弦杆、下弦杆、腹杆杆件通过榫或螺栓连接而成。三角形木屋架组成如图 11-19 所示。

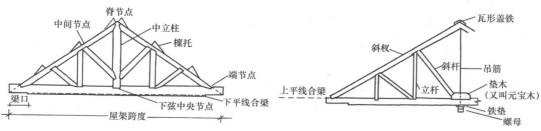

图 11-19　三角形木屋架组成

2. 木屋架的选料

（1）木屋架的用料必须符合国家对各类木材缺陷的允许程度和各类构件使用木材的等级范围等各项规定。

（2）当上、下弦材料相同时，应当把质量好的料用于下弦。

（3）上弦与下弦的接头位置应错开，下弦的接头位置最好设在中部。如用原木，大头应放在端接头处。

（4）不得将有缺陷的木材用在支座节点的榫接合处；选夹板料时，必须选用优等材料制作。

3. 木屋架的制作

木屋架制作的工序为：放大样、做样板、杆件制作、屋架组装、堆放。

1）放大样

放大样就是木工根据设计图纸将屋架的全部详图构造用足尺画出来，以求出各杆件的正确尺寸和形状，保证加工正确。大样越准确，屋架制作组装越顺利。反之，将给屋架制作和组装带来诸多麻烦。放大样时必须用同一钢尺度量，以避免不同钢尺因精度不同引起的误差。

放大样的步骤：放样场地清理、弹屋架杆件中心线、弹杆件边线、画节点详细构造。

（1）放样场地清理。放样场地应选择比屋架面积稍大的、平坦干净的水泥地面，地面应清扫干净，保证弹线（墨线）清晰易辨。

（2）弹屋架杆件中心线。弹线工具有墨斗、钢卷尺和大圆规等。先弹出一水平线，截取 1/2 跨度长为 CB，作 AB 垂直 CB，量取屋架高 AD ＋ DB（拱高），弹 CD 线为下弦中心线。在 CD 线上分出节间长度作垂线，弹出竖杆中心线和斜杆中心线，如图 11-20 所示。

（3）弹杆件边线。各杆件的中心线放出后，按上弦杆、斜腹杆和竖钢拉杆尺寸从中心线向两边分，分别弹出各杆边线，再按下弦断面高减去端节点槽齿深 h_c 后的净截面高，分别得下弦上下边线，如图 11-21 所示。

（4）画下弦中央节点。在下弦中央节点处画垫木齿深、高度、长度线，并在左右角上按斜腹杆同高割角，并使其垂直斜腹杆，即得中央节点，如图 11-22 所示。

（5）画其他节点。先在上、下弦画出中间节点的齿深线，然后作垂直斜腹杆轴线的承压面线，且使承压面在轴线两边各为 1/2，如图 11-23 所示。

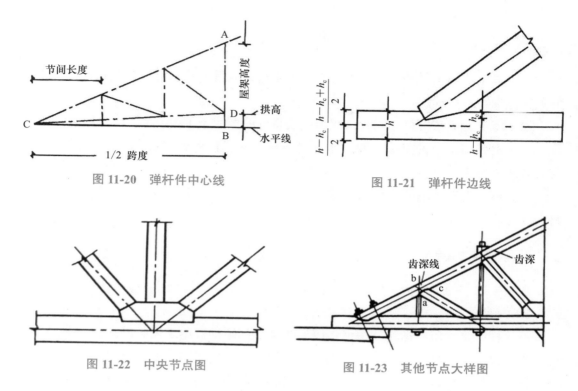

图 11-20 弹杆件中心线

图 11-21 弹杆件边线

图 11-22 中央节点图

图 11-23 其他节点大样图

2）套样板

（1）样板要用木纹平直、不易变形、干燥（含水率＜18%）的木材制作。

（2）套样板时，要先按照各杆件的轮廓尺寸（高度或宽度）和细部结构分别将样板备好，两边刨光，然后放在大样上，将杆件的榫齿、榫槽、螺栓孔等位置及形状画到样板上，并按形状正确锯割后再刨光。

（3）样板配好后，放在大样上试拼，再检查其是否与大样一致，最后在样板上弹出轴线。

（4）样板做好后要用油漆或墨水标注杆件名称，并依次编号，妥善保管，并且要经常检查是否变形，以便及时修整。

3）屋架制作

屋架各杆件制作过程如下：将木料平放在工作台或枕木上，用钉将样板固定在木料上，用铅笔将样板形状落下来，取下样板，沿线将木料锯制成和样板一样的外形杆件，需要打眼的地方根据样板画好眼位线，用手电钻钻好孔。杆件做好后，要在上面标明名称或代号，注明上下方位，以免弄错。

因木料长度所限，当跨度较大时，有些杆件需要接长。上弦杆接头一般设在脊节点起的第二节点间，并靠近脊节点。下弦杆接头设于中央节点左右，并靠近第二节点。接长部分应与被接杆件截面尺寸一致，两面用木板或钢板夹持，用螺栓将它们固定成一整体，螺栓直径的大小、数量及位置必须符合设计规定。

4）屋架组装

屋架组装是将制作好的木杆件、钢拉杆、垫块、垫片等安装成一整体。其步骤是：在下弦杆端部底面钉上附木。在空地上按照屋架跨度放好垫木，中央节点下垫木应比两端垫木高出一个起拱高度。先将下弦杆放在垫木上（立放），接头对齐，两侧夹上夹板临时用钉固定，钻孔上紧螺栓。将两根上弦杆同时从两边装上，脊点处对准，两侧用临时支撑撑牢，将夹板夹在脊点两侧用钉牵住，钻孔上紧螺栓，将垂直拉杆串进上下弦杆，垫好垫片初步上紧。将斜撑杆逐根装进去，榫与槽底互相抵紧，经检查无误后，将各垂直拉杆两端的螺母上紧。在中间各节点两侧钉上扒钉，最后在端节点处钻保险螺栓孔，装上保险螺栓并上紧。施工中一般先制作组装一榀屋架，检查无误后再批量制作。

5）屋架存放

制作好的屋架应立放，除下弦两端垫支处，其他部位不得受力。现场如无墙壁和树木靠放屋架时，可用木杠斜撑支稳。堆放现场地势应较高，以利排水，避免桁架被水浸泡。堆放现场应道路畅通，以利屋架运出。堆放现场应远离火源，以防失火烧毁屋架，造成不必要的经济损失。

4. 木屋架的安装

1）安装前的准备

（1）把屋架运到安装现场，检查有无松动和变形，修整运输过程中造成的缺陷。

（2）根据吊装方式加固屋架（拧紧所有螺栓的螺母）。

（3）钉檩托。可以在地面操作的项目均应在吊装前完成，尽量减少高空作业。

（4）按设计要求对屋架进行防腐防虫处理。

（5）核准支座标高、跨度和间距，弹出墨线（十字线）。

（6）按施工方案做好技术交底和安全施工交底，使每个操作者明确自己的职责和操作要领，能按负责人的指令协调地工作。

2）屋架的安装

（1）将已拼好的屋架进行吊装就位。

（2）测出砖柱或附墙垛顶面标高，然后用水泥砂浆找平，弹出中心线位置，安放好混凝土垫块或涂刷防腐剂的垫木，安放好固定螺栓，如图11-24所示。

（3）当屋架吊升至下弦两端高于墙垛或柱顶支承面时，拨正方向，慢慢放下，使其就位。就位使屋架支座中心线和支承面上十字线对齐。此时吊绳暂不松开，使支承面承受屋架的部分重量。

（4）校正屋架使整榀屋架处在一个垂直平面内，然后用斜撑临时固定屋架，这时方可松开吊绳，一榀屋架吊装完成。

（5）按上述方法吊装下一榀屋架。

（6）当第二榀屋架吊装完成后，即可安装檩条、水平撑和剪刀撑。这样有利于提高工效，减少辅助材料用量，使吊装就位的屋架及时连成整体，完全可靠，如图11-25所示。

（7）按上述方法逐一将屋架吊装就位，并加以连接稳固，直到所有屋架安装完。

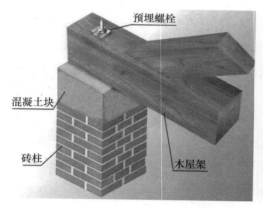

图 11-24　木屋架与砖柱的连接

图 11-25　木屋架的临时固定

5. 屋面木骨架的安装

架设在屋架上的檩条、椽条、屋面板和挂瓦条等称为屋面木骨架。屋面木骨架的安装方法如下：

1）檩条的安装

檩条安装在屋架上弦杆上面，并紧靠檩托。简支檩条在屋架上搭接长度不小于上弦杆宽度（或直径），连续檩条的接头位置和方式应按设计而定。

屋脊上的檩条应对接固定在同一直线上。檩条应与屋架上弦垂直，如无特殊要求，同坡安装的檩条，上表面应在同一斜面内。采用原木檩条的，调整高度的木垫片要同上弦杆和檩条靠紧固定，用钉子钉牢。对于稍有弯曲的檩条，安装时应使弓背朝上。

2）椽条的安装

椽条为垂直于檩条的屋面部件，椽条的间距要根据瓦的大小固定在檩条上。底瓦直接仰放在相邻的椽条上，第二层瓦扣在相邻的仰瓦上，最上面铺一层仰瓦起防雨作用。北方为了防寒保温在椽条上要铺一层屋面板，因此椽条间距可以不受瓦的限制。无论哪种铺瓦方法，椽条不仅要承受屋面瓦的重量，还要经得起施工人员的踏踩和风雪荷载，因此椽条要有足够的断面尺寸，坚固耐用，如图11-26所示。

【小贴士】椽条应分档均匀顺直地铺钉在檩条上。接头须在檩条上，且相邻接头应错开。采用原木椽条者，应将小头朝向屋脊。在屋脊处椽条要用钉互相牢固连接。同坡安装的椽条上表面应在同一斜面内。檐口椽头应拉线锯齐，锯口面垂直于水平面。

图 11-26　木椽条的安装

3）屋面板的铺订

北方农房屋面椽条上要铺一层屋面板，屋面板应按设计要求密铺或稀铺。在檩条上直接铺屋面板时应顺坡铺设，在椽条上铺屋面板为沿垂直于椽条横向铺设，接头应分段错开。在与每根檩条（或椽条）相叠处，屋面板至少钉两根钉，钉长为板厚的两倍。屋面板由屋脊两侧对称铺钉，逐段封闭。全部铺完后在檐口处弹线钉三角木条后锯齐。

4）挂瓦条的铺订

屋面板铺好后，顺屋面长度方向开始铺钉油毡，由檐口向屋脊一幅幅向上铺，上幅应叠压下幅 50～100mm。在屋脊处油毡应两坡相互搭接。

在油毡上每隔 400～500mm，垂直于檐口方向钉一道顺水条，以压住油毡。应钉在顺水条上。檐口处第一根挂瓦条应比其他挂瓦条高一片瓦的厚度。第一挂瓦接头不在顺水条上时，应加钉顺水条。所有挂瓦条均应与顺水条在交叉处钉牢。

（四）山墙、木檩条坡屋顶施工

现在很多地方的乡村农房建设采用山墙上放木檩条的坡屋面形式，施工步骤如下：

1. 施工准备

首先应准备材料，购买木檩条、瓦条、瓦片和各种施工工具，然后对木檩条、瓦条进行加工，如图 11-27 所示。

图 11-27　檩条、瓦条、瓦片的准备

2. 砌筑斜槎山墙

山墙以屋脊线为中心，沿排水方向砌成阶梯斜槎，如图 11-28 所示。

图 11-28　山墙斜槎

3. 安装木檩条

首先安装屋脊檩条与支撑檩条，固定好后安装其他檩条，如图 11-29 所示。

图 11-29　安装木檩条

4. 装订瓦条

瓦条一般采用 30mm×25mm 成品木条。依据所选用的瓦片的尺寸装订瓦条，先装订斜向瓦条，再装订横向的挂瓦条，如图 11-30 所示。装订瓦条最重要的细节在于脊线与天沟处。

图 11-30 装订瓦条

5. 挂瓦

瓦屋面有斜面瓦、屋脊瓦、斜天沟瓦。其中屋脊瓦、斜天沟瓦均用 1 : 2.5 水泥砂浆座浆固定，斜面瓦采用 4mm×60mm 水泥钉固定于挂瓦条上，如图 11-31 所示。

图 11-31 屋面挂瓦

1）脊线处的盖瓦

脊线处的盖瓦要用水泥等固定，如图 11-32 所示。

2）天沟挂瓦

首先就是天沟的瓦深度、长度要足够，保证暴雨也能排水流畅，且要用横的挂瓦条将其固定，可以避免滑动，如图 11-33 所示。

图 11-32　脊线挂瓦

图 11-33　天沟挂瓦

（五）木屋架的防腐、防火处理

1. 木结构的应用环境

木结构的应用环境应按表 11-6 确定。除允许采用表面涂刷工艺进行防腐、防火处理外，其他防护处理均应在木构件制作完成后和安装前进行。已作防护处理的木构件不宜再行锯解、刨削等加工。确需做局部加工处理而导致局部未被浸渍药剂的外露木材，应做妥善修补。

木结构的应用环境　　　　　　　　　　　　　　表 11-6

使用分类	使用条件	应用环境	常用构件
C1	户内，且不接触土壤	在室内干燥环境中使用，能避免气候和水分的影响	木梁、木柱等
C2	户内，且不接触土壤	在室内环境中使用，有时受潮湿和水分的影响，但能避免气候的影响	木梁、木柱等
C3	户外，但不接触土壤	在室外环境中使用，暴露在各种气候中，包括淋湿，但不长期浸泡在水中	木梁等
CAA	户外，且接触土壤或浸在淡水中	在室外环境中使用，暴露在各种气候中，且与地面接触或长期浸泡在淡水中	木柱等

2. 木屋架的防腐处理

1）木屋架的防腐处理技术措施

为防止木屋架受潮而引起木材腐朽，必须从构造上采取下列防潮和通风措施：

（1）应在屋架和大梁的支座下设计防潮层。

（2）为保证木屋架有适当的通风条件，不应将桁架支座节点或木构件封闭在墙、保温层或其他通风不良的环境中，在构造上应避免任何部分有积水的可能。

（3）为防止木材表面产生水汽凝结，当室内外温差很大时，房屋的围护结构（包括保温吊顶），应采取有效的保温和隔气措施，除从结构上采取通风防潮措施外，尚应采用药剂处理。

2）对下列情况，木材应先胶合后进行药剂处理：

（1）露天结构。

（2）内排水桁架的支座节点处。

（3）檩条、搁栅等木结构直接与砌体接触的部位。

（4）在白蚁容易繁殖的潮湿环境附近使用木构件。

（5）虫害严重地区使用马尾松、云南松以及新利用树种中易感染虫害的木材。

（6）在主要承重结构中使用不耐腐的树种木材。

3）木屋架的防腐处理方法

木屋架的防腐处理方法有喷洒法、涂刷法、常温浸渍法、加压或冷热槽浸渍法等，不同防护处理工艺适用于不同场合。

木屋架的防腐涂刷法一般用于现场处理。采用油类防腐剂时，在涂刷前应加热；采用油溶性防腐剂时，选用的溶剂应易被木材吸收；采用水溶性防腐剂时，浓度可稍提高，涂刷一般不应少于2次，第一次涂刷干燥后，再刷第二次。涂刷要充分，注意保证涂刷质量，有裂缝必须用防腐剂浸透，对要求透入深度大的，室外用材及室内与地接触的用材，均不宜采用此法。

【小贴士】木构件应在防护处理前完成制作、预拼装等工序。防腐剂处理完成后的木构件需做必要的再加工时，切割面、孔眼及运输吊装过程中的表皮损伤处等，可用喷洒法或涂刷法修补防护层。

3. 木屋架的防火处理

为了防止木屋架结构遭受火灾的危险，应采取下列构造措施：

（1）在有火源的房屋内，须设置防止火焰、火星及辐射热危害的防火设施（如防火隔墙、防火幕、石棉隔板等）。使用木结构与火源隔开，被隔开的木结构仍应具有通风条件，不得将结构包裹在防火层内。

（2）当房屋中有采暖或炊事的砖墙烟囱时，与木构件相邻部位的烟囱壁厚度应加厚至240mm。烟囱与木构件间的净距不应小于120mm，且应有良好的通风条件。烟囱出屋面时，其间隙应用不燃材料封闭。当烟囱穿过木屋盖的吊顶时，在烟囱周围500mm范围内，不得采用可燃材料作保温层。

（3）当房屋有采暖管道通过木构件时，其管壁表面应与木构件保持不小于50mm的净距（若采暖管道的温度超过100℃，此净距尚应适当加大）或用不燃烧材料隔热。

（4）木屋盖吊顶内的电线，应采用金属管配线，或使用带金属保护层的绝缘导线。白炽灯、卤钨灯、荧光高汞灯及其镇流器等不应直接安装在木构件上。

（5）有可能遭受火灾危险的木结构，宜采用刨光的方木（包括胶合木）或原木制作；木屋盖的吊顶及木隔墙等应采用抹灰或设置水泥石棉板，石膏板等防火措施；保温和隔声材料宜采用不燃烧材料（如矿棉炉渣等）制作。

第十二章　质量验收

第一节　质量检查

（一）简单木制品质量检查

1. 木门窗的质量检查

（1）木门窗的木材品种、材质等级、规格、尺寸、框扇的线型及人造木板的甲醛含量应符合设计要求。设计未规定材质等级时，所用木材的质量应符合规定。

（2）木门窗应采用烘干的木材，含水率应符合规定。

（3）木门窗的防火、防腐、防虫处理应符合设计要求。

（4）木门窗的接合处和安装配件处不能有木节或已填补的木节。木门窗如有允许限值以内的死节及直径较大的虫眼时，应用同一材质的木塞加胶填补。对于清漆制品，木塞的木纹和色泽应与制品一致。

（5）门窗框和厚度大于50mm的门窗扇应用双榫连接。榫槽应采用胶料严密嵌合，并应用胶楔紧固。

（6）胶合板门、纤维板门不得脱胶。胶合板不得刨透表层单板，不得有戗槎。制作胶合板门、纤维板门时，边框和横楞应加压在同一平面上，面层、边框及横楞应加压胶结。横楞和上、下冒头应各钻两个以上的透气孔，透气孔应通畅。

（7）木门窗的品种、类型、规格、开启方向、安装位置及连接方式应符合设计要求。木门窗框的安装必须牢固。预埋木砖的防腐处理、木门窗框固定点的数量、位置及固定方法应符合设计要求。木门窗扇必须安装牢固，并应开关灵活，关闭严密，无倒翘。

（8）木门窗配件的型号、规格、数量应符合设计要求，安装应牢固，位置应正确，功能应满足使用要求。

（9）木门窗表面应洁净，不得有刨痕、锤印。木门窗的割角、拼缝应严密平整。门窗框、扇裁口应顺直，刨面应平整。木门窗上的槽、孔应边缘整齐，无毛刺。

（10）木门窗与墙体间缝隙的填嵌材料应符合设计要求，填嵌应饱满。寒冷地区外门窗（或门窗框）与砌体间的空隙应填充保温材料。木门窗批水、盖口条、压缝条、密封条的安装应顺直，与门窗结合应牢固、严密。

（11）木门窗制作允许偏差和检验方法应符合表 12-1 的规定。

木门窗制作允许偏差和检验方法 表 12-1

项次	项目	构件名称	允许偏差（mm）		检验方法
			普通	高级	
1	翘曲	框	3	2	将框、扇平放在检查平台上，用塞尺检查
		扇	2	2	
2	对角线长度差	框、扇	3	2	用钢尺检查，框量裁口里角，扇量外角
3	表面平整度	扇	2	2	用 1m 靠尺和塞尺检查
4	高度、宽度	框	0；−2	0；−1	用钢尺检查，框量裁口里角，扇量外角
		扇	＋2；0	＋1；0	
5	裁口、线条结合处高低差	框、扇	1	0.5	用钢直尺和塞尺检查
6	相邻棂子两端间距	扇	2	1	用钢直尺检查

（12）木门窗安装的留缝限值、允许偏差和检验方法应符合表 12-2 的规定。

木门窗安装的留缝限值、允许偏差和检验方法 表 12-2

项次	项目		留缝限值（mm）		允许偏差（mm）		检验方法
			普通	高级	普通	高级	
1	门窗槽口对角线长度差		—	—	3	2	用钢尺检查
2	门窗框的正、侧面垂直度		—	—	2	1	用 1m 垂直检测尺检查
3	框与扇、扇与扇接缝高低差		—	—	2	1	用钢直尺和塞尺检查
4	门窗扇对口缝		1～2.5	1.5～2	—	—	用塞尺检查
5	双扇大门对口缝		2～5	—	—	—	
6	门窗扇与上框间留缝		1～2	1～1.5	—	—	
7	门窗扇与侧框间留缝		1～2.5	1～1.5	—	—	
8	窗扇与下框间留缝		2～3	2～2.5	—	—	
9	门扇与下框间留缝		3～5	3～4	—	—	
10	双层门窗内外框间距		—	—	4	3	用钢尺检查
11	无下框时门扇与地面间留缝	外门	4～7	5～6	—	—	用塞尺检查
		内门	5～8	6～7	—	—	
		卫生间内	8～12	8～10	—	—	
		厂房大门	10～20	—	—	—	

2. 木楼梯的质量检查

楼梯作为建筑物的重要组成部分，其施工质量直接关系到建筑物的使用安全性和美观度。因此，在楼梯施工完成后进行质量检查。

1）木楼梯质量验收要求

（1）材料要求

楼梯所用木材应符合国家相关标准，具有足够的强度和稳定性，验收时应核实其材质、规格和质量。

（2）结构要求

楼梯的结构要合理、稳固，能够承受正常使用条件下的荷载。在验收时，应检查楼梯的支撑结构、连接方式和梯段间的连接是否符合设计要求，并且无明显的松动或变形等情况。

（3）尺寸要求

楼梯的尺寸应符合国家相关标准和设计要求。在验收时，应测量楼梯段的宽度、踢面高度、踏步宽度、扶手高度等关键尺寸，并与设计图纸进行比对，确保各项尺寸符合标准要求。

（4）表面要求

木楼梯的表面应平整、光滑，无明显的裂缝、划伤等缺陷。

2）楼梯质量验收方法

（1）目测验收

通过目测检查楼梯的结构、材料和表面质量，识别楼梯是否存在明显的缺陷和问题。此外，还可以通过比对设计图纸和测量尺寸等方法，判断楼梯是否符合相关标准和要求。在验收时，可以运用手触摸木楼梯表面，用目测和触感对比等方法检查楼梯表面的质量。

（2）使用验收

可以通过在楼梯上敲击、跳跃和行走等方式，检查楼梯的结构和连接是否牢固，能否承受使用过程中的荷载。同时，也需注意是否存在明显的噪声和晃动等异常情况。

（3）尺寸测量

用测量工具，如卷尺或测距仪，对楼梯的关键尺寸进行测量，并与设计图纸进行比对。若发现尺寸超出规定范围或与设计不符，应及时调整和修复。

（4）使用工具辅助

借助专业工具，如电子测量仪或显微镜等，进行更精确的材料检测和缺陷定位。这些工具可以帮助发现楼梯内部的隐藏问题，提高验收的准确性和综合性。

综上所述，楼梯施工质量验收是确保楼梯质量符合标准和规范的重要环节。通过严格执行楼梯质量验收的要求与方法，可及时发现和排除各类施工质量问题，确保楼梯的安全性和使用性能。

3. 木栏杆、扶手的质量检查

1）技术要求

（1）乡村建筑室内楼梯扶手高度，自踏步前缘线量起至扶手上皮不应低于900mm。水平扶手超过500mm 长时，其高度不应低于1050mm，如图 12-1 所示。楼梯井宽度大于200mm 时，栏杆不宜选用儿童易于攀登的花格。栏杆垂直杆件之间净空不应大于110mm。

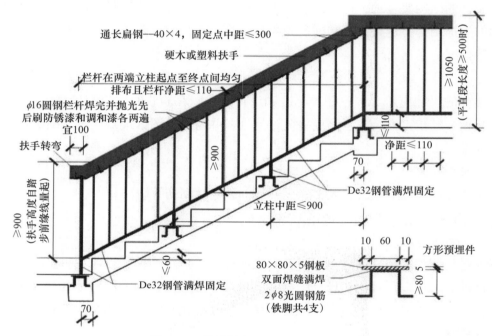

图 12-1　楼梯栏杆、扶手技术要求

（2）乡村建筑室外栏杆高度不应低于1050mm。栏杆、扶手上下或平面转接时，宜保持衔接。

（3）窗台净高低于或等于450mm 的凸窗台面，容易造成无意识攀登，其有效防护高度应从凸窗台面起算，栏杆高度不应低于净高 900mm；窗台净高高于450mm 的无可踏面的窗台面，其有效防护高度可从地面起算，如图 12-2 所示。

2）材料要求

制作栏杆、扶手的原材料，应有出厂质量合格证或试验报告，进场时应按批号分批验收。没有出厂合格证明的材料，必须按有关标准的规定抽取试样做物理、化学性能试验，合格后方可使用，严禁使用不合格的材料。

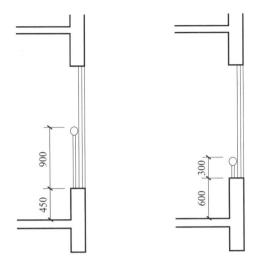

（a）窗台净高≤ 450mm 的情况　　（b）窗台净高＞ 450mm 的情况

图 12-2　楼梯栏杆、扶手技术要求

3）外观质量要求

（1）各栏杆、扶手连接处（焊接、螺钉连接）应牢固。硬质木材扶手连接应符合设计要求和现行有关标准规范的规定。

（2）木材产品表面应光洁，不应有裂纹、毛刺及明显锤痕等外观缺陷。

（3）栏杆的装饰件切割部位，必须锉平磨光，边角保持整齐，不得留下切割痕迹。

（4）栏杆、扶手直线部位应调直，曲线部位应保持流畅光滑，花型一致。

（5）木制扶手应油漆防腐，漆层应均匀、牢固，不应有明显的堆漆、漏漆等缺陷。

4）尺寸偏差

木栏杆、扶手的尺寸偏差应符合表 12-3 的规定。

木栏杆、扶手的尺寸偏差　　　　　　　　　　　　　　表 12-3

项次	项目	允许偏差（mm）	检验方法
1	栏杆高度	±2	用尺量
2	栏杆横向弯曲	3	用 2m 靠尺量
3	扶手纵向弯曲	3	用 2m 靠尺量
4	装饰件	±2	用尺量
5	扶手断面	±2	用尺量
6	栏杆竖向杆件之间间距	±5	用尺量
7	栏杆水平杆件之间间距	±5	用尺量

（二）12m 以下木屋架的质量检查

1. 木屋架制作的质量标准

（1）木屋架制作的质量标准及检验方法按《木结构工程施工质量验收规范》GB 50206—2012 有关规定执行。

（2）所用木材含水率应符合以下规定：

① 原木或方木结构，应不大于 25%；

② 板材结构及受拉构件的连接板，应不大于 18%；

③ 通风条件较差的木构件，应不大于 20%；

（3）木构件的防腐、防虫及防火处理应符合设计要求。

（4）木屋架制作的允许偏差应符合表 12-4 的规定。

木屋架制作的允许偏差　　　　　　　　　　　　　　　　　表 12-4

项次	项目			允许偏差（mm）	检验方法
1	构件截面尺寸	方木构件高度、宽度		−3	钢尺量
		板材厚度、宽度		−2	
		原木构件梢径		−5	
2	结构长度	长度不大于 15m		±10	钢尺量桁架支座节点中心间距，梁、柱全长（高）
		长度大于 15m		±15	
3	桁架高度	跨度不大于 15m		—	钢尺量脊节点中心与下弦中心距离
		跨度大于 15m			
4	受压或压弯构件纵向弯曲	方木构件		$L/500$	拉线钢尺量
		原木构件		$L/200$	
5	弦杆节点间距			±5	钢尺量
6	齿连接刻槽深度			±2	
7	支座节点受剪面	长度		−10	钢尺量
		宽度	方木	−3	
			原木	−4	
8	螺栓中心间距	进孔处		±0.2d	钢尺量
		出孔处	垂直木纹方向	±0.5d 且不大于 4B/100	
			顺木纹方向	±1d	
9	钉进孔处的中心间距			±1d	—
10	桁架起拱			+20 −10	以两支座节点下弦中心线为准，拉一水平线，用钢尺量跨中下弦中心线与拉线之间距离

注：d 为螺栓或钉的直径。

2. 木屋架安装的质量标准

（1）木屋架安装的质量标准及检验方法按《木结构工程施工质量验收规范》GB 50206—2012 有关规定执行。

（2）木屋架安装的允许偏差应符合表 12-5 的规定。

木屋架安装的允许偏差　　　　　　　　　　表 12-5

项次	项目	允许偏差（mm）	检验方法
1	结构中心线的间距	±20	钢尺量
2	垂直度	$H/200$ 且不大于 15	吊线、钢尺量
3	受压或压弯构件纵向弯曲	$L/300$	吊（拉）线、钢尺量
4	支座轴线对支承面中心位移	10	钢尺量
5	支座标高	±5	用水准仪

注：H 为桁架、柱的高度；L 为构件长度。

3. 木骨架安装的质量标准

（1）木骨架安装的质量标准及检验方法按《木结构工程施工质量验收规范》GB 50206—2012 有关规定执行。

（2）木骨架安装的允许偏差应符合表 12-6 的规定。

木骨架安装的允许偏差　　　　　　　　　　表 12-6

项次	项目		允许偏差（mm）	检验方法
1	檩条、椽条	方木截面	+2	钢尺量
		原木梢径	-5	钢尺量，椭圆时取大小径的平均值
		间距	-10	钢尺量
		方木上表面平直	4	沿坡拉线钢尺量
		原木上表面平直	7	
2	油毡搭接宽度		-10	钢尺量
3	挂瓦条间距		±5	
4	封山、封檐板平直	下边缘	5	拉10m线，不足10m拉通线，钢尺量
		表面	8	

（三）木屋架的防腐处理质量检查

木屋架防腐处理的检验内容如下：

1. 外观检查

防腐涂层是否饱满、是否均匀，是否有裂纹缺陷等。

2. 厚度检查

厚度偏差不得小于最小防腐厚度减去 0.5mm。

3. 防腐剂的吸收量检查

按每立方米或每平方米吸收防腐剂量核算，油类防腐剂以吸油量、油溶或水溶性防腐剂按干药量核算。

4. 药剂透入深度检查

药剂在防腐木材中的透入深度和内层药量或渗透均匀度等检查。不同使用环境下的原木、方木和规格材构件，经化学药剂防腐处理后应达到规范的要求。

（四）施工日志的编写

1. 施工日志的编写内容

施工日志的主要内容为：日期、天气、气温、工程名称、施工部位、施工内容、应用的主要工艺；人员、材料、机械到场及运行情况；材料消耗记录、施工进展情况记录；施工是否正常；外界环境、地质变化情况；有无意外停工；有无质量问题存在；施工安全情况等。记录人员要签字，乡村建设主管部门定期也要阅签。

2. 施工日志的编写格式

施工日志应当使用硬封面，线装的现场笔记本，或者直接使用在文具店中购买的记录本，如图 12-3 所示。笔记本的页码需连续编号，且中间不能缺页。做记录时不应该擦掉或涂抹，万一写错了，只需将不正确的信息用线划掉并紧跟其后继续记录即可。任何时候均不应该撕掉笔记本中的任何页面。如果要将某一页作废，那么应该用一个大的"×"在页中做出标记，并标明"作废"字样。应每天进行记录，而且每个日期都应予以说明。如果某天没有任何作业，应当在当日页面中标记"无作业"或诸如此类的语句。

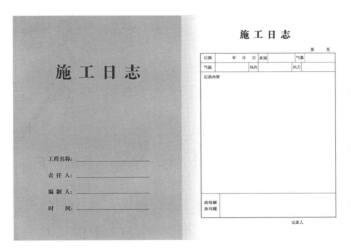

图 12-3 施工日志

【小贴士】施工日志记录时间：从开工到竣工验收时止，逐日记载不许中断；按时、真实、详细记录，中途发生人员变动，应当办理交接手续，保持施工日志的连续性、完整性。

施工日志书写一定要字迹工整、清晰；当日的主要施工内容一定要与施工部位相对应；养护记录、焊接记录要详细；停水、停电一定要记录清楚起止时间，停水、停电时正在进行什么工作，是否造成损失。

第二节 质量问题处理

（一）简单木制品质量检查

1. 木门窗的整改

1）门窗框变形

（1）常见现象

门窗框制作好后，边梃、上下冒头、中贯挡发生弯曲或者扭曲、反翘，门窗框立面不在同一个平面内。立框后，与门窗框接触的抹灰层挤裂或挤脱落，或者边梃与抹灰层离开，变形使门窗扇开关不灵活，甚至门窗扇关不上或关不平，关上后拉不开，无法使用。

（2）预防措施

① 将木材干燥到规定的含水率。

② 对要求变形小的门框，应选用红松及杉木等制作。遇到偏心原木，要将年轮疏密部分分别锯割。

③ 对于较长的门框边梃，选用木料靠心材部位制作。

④ 当门框边梃、上冒头料宽度超过 120mm 时，在靠墙面开 5mm 深、10mm 宽的沟槽，以减少出现瓦形的反翘。

⑤ 门框重叠堆放时，应使底面支承点在一个平面内，以免产生翘曲变形，并在表面覆盖防雨布，防止雨水淋湿和太阳暴晒而再次受到膨胀干缩。

⑥ 门窗框制作好后，应及时刷底子油一遍。与砖墙接触的一面应涂刷防腐油，防受潮变形。

（3）治理方法

① 门窗框拼装好后发生变形，对弓形反翘、边弯的木材可通过烘烤凸面使其平直。

② 若由于边梃或上下槛变形严重而使门窗框翘曲时，可将变形严重的框料取下，重新换上好料。

2）门窗框翘曲

（1）常见现象

经检验合格的门窗扇安装后，出现以下现象：

① 单扇门窗扇。装合页的一边与框平，另一边一个角与框平，而另一个角高出框面。

② 双扇门窗扇。装合页的边都与框平。中间裁口处的等扇与盖扇的接触面不能全部靠实，其中一个角挨上，另一个角则留有空隙。

（2）预防措施

① 安装门窗时要用线坠吊直，按规程进行操作，安装完毕要进行复查。

② 门框安完后，可先把立梃的下角清刷干净，用水泥砂浆将其筑牢，以加强门框的稳定性。但应控制砂浆的厚度，上面留出抹面的余量。

③ 注意成品保护，避免框因物碰而位移。

④ 安扇前对门窗框要进行检查，发现问题及早处理。

（3）治理方法

① 偏差在 2mm 以内的，安扇时可以用调整合页在立梃上的横向位置来解决，即允许装合页的一边扇与框可以略有不平，而保证另一边扇与框的平整。

② 偏差在 4mm 以内时，除了调整合页在立梃上的横向位置，还可将立梃上的梗

铲掉一些，使扇与框接触严实，表面平整。

③偏差在 4mm 以上时，把不垂直的立梃上面的钉子锯断或起出，重新调整立梃的位置，使其垂直。

3）门窗框松动

（1）现象

门窗框安装后经使用产生松动；当门窗扇关闭时撞击门窗框，使门窗口灰皮开裂、脱落。

（2）预防措施

①木砖的数量应按图纸或有关规定设置，一般不超过 10 皮砖设一块，半砖墙或轻质隔墙应在木砖位置砌入混凝土块。

②较大的门窗框或硬木门窗框要用铁掳子与墙体结合。

③门窗洞口每边空隙不应超过 20mm，如超过 20mm，钉子要加长，并在木砖与门窗框之间加木垫，保证钉子钉进木砖 50mm。

④门窗框与木砖结合时，每一木砖要钉长 100mm 钉子两个，而且上下要错开，不要钉在一个水平线上。垫木必须通过钉子钉牢，不应垫在钉子的上边或下边。

⑤门窗框与洞口之间的缝隙超过 30mm 时，应灌细石混凝土；不足 30mm 的应塞灰，要分层进行，待前次灰浆硬化后再塞第二次灰，以免收缩过大，并严禁在缝隙内塞嵌水泥袋纸或其他材料。

（3）治理方法

①如门窗框松动程度不严重，可在门窗框的立梃与砖墙缝隙中的适当部位加木楔楔紧，并用 100mm 以上的圆钉钉入立梃，穿过木楔，打入砖墙的水平灰缝中，将门窗框固定。

②木砖松动或间距过大时，可在门框背后适当部位刻一个三角形小槽，并在结构面上相应位置剔一个洞，下一个铁扒锔，小洞内浇筑细石混凝土。为使混凝土浇捣密实，模板应支成喇叭口，待混凝土终凝后，将凸出部分凿掉。

③门窗口塞灰离缝脱落，应重新做好塞灰。

4）门窗框安装不垂直

（1）常见现象

①门窗框的边梃与墙轴线不垂直，门窗框在墙中里外倾斜。

②门窗扇安上后开关不灵或自动开闭（俗称走扇）。

（2）预防措施

①立门窗框时必须拉通线找平，并用线坠逐樘吊正、吊直。

②门窗框立好并吊直后，应用斜撑与地面的小木桩临时固定，然后再复查一次是否保持垂直。

③ 在施工过程中，瓦工、木工要密切配合，及时检查校正门窗框是否垂直，如发现歪斜，应及时纠正。

（3）治理方法

先将固定门窗框的钉子取出或锯断，然后将门窗框上下走头处的砌体凿开，重新对窗框进行吊直校正，经检查无误后，再用钉重新固定在两侧砖墙的木砖上，然后用高强度等级水泥砂浆将走头部分的砌体修补好。

5）门窗扇翘曲

（1）常见现象

将门窗扇安装在检查合格的框上时，扇的四个角与框不能全部靠实，其中的一个角跟框保持着一定距离。

（2）预防措施

① 提高门窗扇的制作质量，门窗扇翘曲超过 2mm，不得使用。

② 对已进场的门窗扇，要按规格堆放整齐，平放时底层要垫实垫平，距离地面要有一定的空隙，以便通风。

③ 安装前对门窗扇进行检查，翘曲超过 2mm 的经处置后才能使用。

（3）治理方法

① 门窗扇安装时，翘曲偏差在 2mm 以内，可将门窗扇装合页一边的一端向外拉出一些，使另一边与框保持平齐。

② 把框上与扇先行靠在一起的那个部位的梗铲掉，使扇和框靠实。

③ 借助门锁和插销将门窗扇的翘曲校正过来。

6）门窗扇缝隙不均匀、不顺直

（1）常见现象

① 门窗扇与框之间的缝有大有小，不一致（指同一条缝）。

② 双层对扇窗（也包括带亮子的窗），中间的上下缝错开，十字缝不成十字。

（2）预防措施

① 如果直接修刨把握不大时，可根据缝隙大小的要求，用铅笔沿框的里棱在扇上画出应该修刨的位置。修刨时注意不要吃线，要留有一定的修理余地。

② 安装对扇，尤其是安装上下对扇窗时，应先把对扇的口裁出来。裁口缝要直、严，里外一致。在框的中贯桢上分中，并向扇的一边赶半个裁口画线，让扇的中缝对准此点，然后再在四周画线进行修刨；合页槽要剔得深浅一致，这样就比较有把握使缝隙上下一致。

（3）治理方法

① 缝隙小或不均匀，可用细刨、扁铲将多余的部分修掉。

② 缝隙过大或上下错开的，根据情况将扇摘下来，加帮条重新安装。

2. 木楼梯的整改

木楼梯是家居装修中常见的元素之一，其尺寸、垂直度、平整度和方正度等问题常常会导致使用不便或安全隐患。这里将介绍木楼梯尺寸、平整度和方正度等不合格的问题整改方法，以帮助乡村建设工匠解决相关问题。

1）尺寸不合格

木楼梯尺寸不合格是指楼梯长度、宽度或高度等方面超出标准范围。这可能导致踏步不稳或不匹配，从而影响行走安全。整改的方法有两种：一种方法是调整木楼梯的尺寸，使其符合标准要求，可以采用木工工具，如锯、刨等，对楼梯进行修剪或修整；另一种方法是更换不合格的木楼梯，选择尺寸合适的楼梯替代。

2）平整度不合格

木楼梯的平整度不合格可能会导致楼梯踏步不平整或变形，使人在上下楼梯时感觉不舒适或不安全。整改的方法是采用合适的工具，如锉刀或砂纸，仔细修整踏板表面，使其平整度符合要求。修整后，还应使用水平仪等工具再次检测楼梯的平整度，确保修复效果符合预期。

3）方正度不合格

木楼梯的方正度不合格会导致楼梯的形状不规则或不整齐，影响美观和实用性。整改的方法是调整木楼梯的形状或尺寸，使其达到方正度要求。可以使用木工工具，如锯、刨等进行修整或修补。如果方正度问题较为严重，可能需要更换整个楼梯。

4）榫头松动问题

木楼梯各部件之间的连接基本上都是榫接，榫头和榫眼的密合度是整个楼梯是否牢固的关键，因此画线、凿眼时必须准确合理，榫头、榫眼的尺寸必须相符。拼装前必须检查各杆件，上胶前必须预投榫，如果有榫头松动，可将榫头端面适当凿开，插入与榫头等宽、短于榫长的木楔，木楔厚度视木材和榫头的软硬及榫头与榫眼的偏差而定。

5）斜梁翘曲问题

作为木楼梯的主要承重结构梁，必须在安装完毕后使其不翘曲、否则后道工序无法进行，因此斜梁制作时，应选择干燥、较硬且整体机理较好的木料，斜梁的榫和眼必须平直方正，轻度的翘曲可以适当地刨削修正。

6）踏步板不平的问题

表现为踏步板两端厚度不等，三角木尺寸不一致，或同一层踏步的三角木不在同一水平面上。出现这类问题时，首先应该检查以下问题：即踏步板是否需要重新修整，三角木的位置是否无偏差。

综上所述，木楼梯的不合格问题都可以通过适当的调整、修整或更换来解决。在进行处理时，建议由专业的木工人员进行施工，以确保操作正确、安全。

3. 木栏杆、扶手的整改

楼梯栏杆作为楼梯的一个重要组成部分，主要起着安全防护、方便交通的作用，并有一定的美观装饰功能。要求楼梯栏杆形式安全、牢固耐久、位置合理，做到上下通行方便，有足够的防护能力。下面就楼梯栏杆常见的问题及整改措施进行简单说明。

1）楼梯栏杆间距过大

部分业主片面强调美观，忽视了栏杆最重要的安全防护功能，导致栏杆间距、形式不合理，留下了安全隐患。整改措施：增加栏杆垂直杆件，使楼梯栏杆垂直杆件净间距不大于 0.11m。间距大于 0.11m 时，必须采取防止儿童攀爬的措施。

2）楼梯栏杆高度不足

室内楼梯扶手高度自踏步前缘线量起至扶手上皮不应小于 0.90m，楼梯水平段栏杆长度大于 0.50m 时，其扶手高度不应小于 1.05m。楼梯栏杆高度不足整改措施：可以考虑直接安装栏杆扶手增高，也可以在扶手上增加装饰管。

3）楼梯栏杆、扶手安装位置不当

楼梯栏杆的安装位置要准确，扶手做法要选择合理，安装前要提前做好细部设计。

质量验收时常见部分楼梯栏杆安装位置不当，如栏杆立柱距踏步板边缘过大，或是靠墙扶手挑出过大，扶手过于粗大等，造成楼梯踏步净宽不足。另有不少楼梯因在平台转角处做法不合理，扶手挑出太大，导致休息平台的宽度不足 1.20m。整改措施：拆除重新安装。

4）楼梯栏杆松动

（1）使用木栓进行修复

在修复栏杆松动时，最常用的方法之一是使用木栓。只需要将一个木栓塞入松动的孔中，然后用锤子将其锤入，木栓会填补松动的部分，使栏杆更加稳固。

（2）使用钢钉固定

如果松动较为严重，可以考虑使用钢钉进行固定。使用钢钉的时候，需要选择合适的钉子尺寸，并用锤子将其固定在合适的位置。固定之后，可以涂抹木材修补剂来遮盖钉子印痕。

（3）使用胶水

如果不想使用钉子或木栓，可以考虑使用胶水进行修复。在使用胶水之前，需要先将松动部分的污垢清除干净，然后将胶水涂在松动的部位即可。

（二）12m 以下木屋架的整改

1. 木屋架高度超差较大

（1）现象：木屋屋架组装时，对结构高度，起拱高度控制不准超差较大。

（2）治理：可利用拉杆螺栓进行调整，使其符合要求。

2. 槽齿不合，锯割过线

1）现象

（1）双齿连接时，两个承压面不能紧密一致共同受力，或槽齿承压面局部接触，致使屋架早期遭受破坏。

（2）槽口深度锯割不准，锯口深度超过了槽口深度，削弱了杆件的截面面积。

2）治理

（1）两个槽齿不能紧密一致共同受力时，只要用钢锯锯去长的一个槽齿，即可靠自重使双齿密合。如槽齿间有均匀缝隙，应将屋架竖起靠自重密合，或适当拧紧拉杆螺栓使其密合。

（2）槽口锯割过线严重的，应增设夹板补强加固。

3. 木屋架安装位置不准

（1）现象：木屋架安装后，支座节点中心与支座面中心不相对应，超差较大。

（2）治理：用螺栓锚固的屋架，其位置超差后不易治理，应保证一次安装合格。

（三）木屋架的防腐厚度不足的整改

在建筑工程中，有时由于施工过程中的一些问题，可能导致防腐涂料的厚度不足。接下来，我们将讨论木屋架防腐涂料厚度不足如何整改。

1. 防腐厚度不足的危害

防腐涂料的厚度对木屋架的保护作用是至关重要的。防腐涂料可以防止木材受到紫外线、水分、虫蛀等外部环境的侵害，延长木屋架的使用寿命。因此，如果涂料的厚度不足，会降低其防护作用，增加了木屋架受损的风险。

2. 防腐厚度不足的整改措施

使用专业的测量工具如涂膜厚度计，检查涂料的厚度是否真的不足，以确保测量结果的准确性。如果发现涂料的厚度确实不足，接下来需要制定相应的整改措施。

（1）直接涂刷更厚的涂料来弥补不足。如果涂料的厚度不足并不严重，并且木屋架表面没有明显的损坏或腐蚀，我们可以考虑直接在原有的涂料层上涂刷更厚的涂料来弥补不足。这需要使用专门的增厚型防腐涂料，以确保涂刷后的厚度达到要求。在施工过程中，我们需要注意涂料的涂刷技术，确保涂料能够均匀地涂覆在木屋架上，并达到所需的厚度。

（2）可以考虑在木屋架表面添加涂膜增厚剂。涂膜增厚剂是一种专门用于增加涂层厚度的辅助材料。它可以与防腐涂料一起使用，使原有的涂料层增厚，提高防护效果。使用涂膜增厚剂的好处是可以节省时间和工作量，同时也降低了对原有涂料层的破坏。

（3）还有一种常见的处理方法是需要铲掉原来的涂料层。因为防腐涂料的厚度不足可能是由于施工过程中出现的问题所导致的，如涂料未能均匀地涂覆在木屋架上。铲掉原来的涂料层可以消除这些问题，并为重新涂刷更厚的涂料层创造一个良好的基础。

总之，在处理木屋架防腐涂料厚度不足的问题时，我们需要仔细检查涂料厚度，并根据实际情况选择合适的处理方法。无论选择哪种方法，我们都应该注重施工质量，确保涂料能够均匀地涂覆在木屋架上，并达到所需的厚度。只有这样，才能有效地提高木屋架的防护效果，延长其使用寿命。

参考文献

［1］住房和城乡建设部，国家质量监督检验检疫总局. 建筑工程施工质量验收统一标准：GB 50300—2013［S］. 北京：中国建筑工业出版社，2015.

［2］住房和城乡建设部. 建筑施工扣件式钢管脚手架安全技术规范：JGJ 130—2011［S］. 北京：中国建筑工业出版社，2011.

［3］住房和城乡建设部，国家质量监督检验检疫总局. 木结构工程施工规范：GB/T 50772—2012［S］. 北京：中国建筑工业出版社，2012.

［4］住房和城乡建设部，国家质量监督检验检疫总局. 木结构工程施工质量验收规范：GB 50206—2012［S］. 北京：中国建筑工业出版社，2012.

［5］住房和城乡建设部，国家市场监督管理总局. 工程测量标准：GB 50026—2020［S］. 北京：中国计划出版社，2020.

［6］住房和城乡建设部，国家市场监督管理总局. 工程测量通用规范：GB 55018—2021［S］. 北京：中国建筑工业出版社，2021.

［7］住房和城乡建设部，国家市场监督管理总局. 施工脚手架通用规范：GB 55023—2022［S］. 北京：中国建筑工业出版社，2022.

［8］住房和城乡建设部，国家质量监督检验检疫总局. 建筑装饰装修工程施工质量验收标准：GB 50210—2018［S］. 北京：中国建筑工业出版社，2018.

［9］住房和城乡建设部，国家质量监督检验检疫总局. 建设工程施工现场供用电安全规范：GB 50194—2014［S］. 北京：中国计划出版社，2015.

［10］住房和城乡建设部，国家质量监督检验检疫总局. 建筑施工脚手架安全技术统一标准：GB 51210—2016［S］. 北京：中国建筑工业出版社，2017.

［11］住房和城乡建设部，国家质量监督检验检疫总局. 木结构设计标准：GB 50005—2017［S］. 北京：中国建筑工业出版社，2017.

［12］住房和城乡建设部. 建筑施工竹脚手架安全技术规范：JGJ 254—2011［S］. 北京：中国建筑工业出版社，2012.

［13］住房和城乡建设部. 建筑施工木脚手架安全技术规范：JGJ 164—2008［S］. 北京：中国建筑工业出版社，2008.

［14］国家市场监督管理总局国家标准化管理委员会. 手部防护　通用技术规范：GB 42298—2022［S］. 北京：中国标准出版社，2022.

［15］国家市场监督管理总局国家标准化管理委员会. 钢管脚手架扣件：GB/T 15831—2023［S］. 北京：中国标准出版社，2023.

［16］建筑工人职业技能培训教材编委会. 模板工［M］. 北京：中国建筑工业出版社，2015.

［17］建筑工人职业技能培训教材编委会. 木工［M］. 第 2 版. 北京：中国建筑工业出版社，2015.

［18］建筑工人职业技能培训教材编委会. 架子工［M］. 北京：中国建筑工业出版社，2016.

［19］郭斌. 木工［M］. 北京：机械工业出版社，2016.

［20］张民敬. 木工教学经验总结［M］. 北京：中国建筑工业出版社，2015.

［21］姜海. 木工［M］. 南京：江苏凤凰科学技术出版社，2016.

［22］建筑施工手册编委会. 建筑施工手册［M］. 第 5 版. 北京：中国建筑工业出版社，2012.